高等院校工业设计类"十三五"规划教材

总主编 朱钟炎 范圣玺

产品系统设计

Product System Design

主 编 郭爱华
副主编 田 甜 岳 涵
编 委 刘 健 王 玲 邓碧波 薛 刚
张诗韵 肖 洋 褚俊洁

中国海洋大学出版社
·青岛·

图书在版编目（CIP）数据

产品系统设计 / 郭爱华主编. — 青岛：中国海洋大学出版社，2015.12

ISBN 978-7-5670-1068-0

Ⅰ. ①产… Ⅱ. ①郭… Ⅲ. ①工业产品－系统设计－高等学校－教材 Ⅳ. ①TB472

中国版本图书馆 CIP 数据核字(2015)第 313745 号

出版发行 中国海洋大学出版社
社　　址 青岛市香港东路 23 号　　**邮政编码** 266071
出 版 人 杨立敏
策 划 人 王　炬
网　　址 http://www.ouc-press.com
电子信箱 tushubianjibu@126.com
订购电话 021-51085016
责任编辑 滕俊平　　**电　　话** 0532-85901092
印　　制 上海万卷印刷股份有限公司
版　　次 2016 年 1 月第 1 版
印　　次 2020 年 9 月第 2 次印刷
成品尺寸 210 mm×270 mm
印　　张 8
字　　数 229 千
定　　价 49.00 元

总序

《中国制造2025》是国务院总理李克强在第十二届全国人民代表大会第三次会议上提出来的，旨在坚持创新驱动、智能转型、强化基础、绿色发展，加快从制造大国转向制造强国。围绕创新驱动、智能转型、强化基础、绿色发展、人才为本等关键环节以及先进制造、高端装备等重点领域，提出了加快制造业转型升级、提升增效的重大战略任务和重大政策举措，力争2025年前从制造大国迈入制造强国行列。

在此发展方针的指导思想下，工业设计更加注重跨学科的交叉，集成知识，整合创新，跨界探索新的技术、新的形态、新的服务和设计实践。《中国制造2025》也将“人才为本”作为基本方针之一，坚持把人才作为建设制造强国的根本，培养素质优良、结构合理的制造业人才队伍，这也是开设工业设计专业课程的宗旨。在当今重视大众创业、万众创新的形势下，培养工业设计专业人才显得更迫切和更重要。

工业设计教育该如何培养适应新发展需求的工业设计专业人才？本系列工业设计类专业教材正是在信息化和全球化深度发展的时代特征下，适应设计环境的改变、设计对象的改变和创新模式的转变而及时推出的，适应了时代发展和人才培养的需求。

本系列教材编写团队整体构成合理、实力雄厚，由长期从事工业设计教学、科研的高校老师，资深设计总监、技术总监，双师型的专家学者等组成。本系列教材强调团队合作，集整体团队智慧、经验于一体，以高度的责任感，对每册教材的框架、内容、教学环节等进行了多次研讨，融入了务实创新的教改精神。其具体特点如下：

一、系统性。考虑了工业设计专业学科的知识系统，内容涵盖设计史论与方法论、设计技术类、设计表达类和设计实践类四大板块。

二、实用性。教材内容注重与设计行业的结合，教材的编写团队由一线设计教师和知名企业的设计总监或设计从业人员组成，充分体现了理论和实践相对接、学以致用的特点，如《形态基础与产品设计》《产品研发设计表现》《产品系统设计》等教材。

三、时代性。本系列教材注重与时俱进。时代在进步，设计内容也在发展。顺应现代设计的发展需求，教材既注重对设计传统行业的重塑，也兼顾设计学科的跨界探索，如《产品交互设计》《产品设计数字化表现》《产品用户调查》等教材，适应了现代设计的发展需求。

此外，本系列教材考虑产品设计、产品类别的宽泛，因此配套内容考虑较全面，既保持了工业设计学科的规范性和完整性，也体现了工业设计学科发展的前瞻性、系统性、交叉性及实践性，能够适应高等院校工业设计专业教学的需求。通过对本系列教材的学习，学生可以全面提高工业设计专业理论水平及应用能力。同时，本系列教材对相关专业人员也具有较高的参考价值。

朱钟炎　范圣玺

2015年11月

前言

创造是人类文明进步的关键，工业设计作为人类的一种创造性活动，在人—产品—环境之间起着重要的协调作用。设计涉及科学技术、社会科学与人文科学等各大领域的知识，它需要系统思想的应用来适应这个复杂的世界。世界上的任何事物都不可能孤立地存在，因此，系统论被视为对设计有益的重要学科之一。系统设计具有很高的规划和协作要求，从系统的角度来看，产品设计不但涉及功能、结构、色彩、人因、形态、材料等内部要素，更要考虑社会、经济、技术、文化、生态等外部要素。工业设计作为企业产品开发的主要手段，是人与科学技术之间沟通的桥梁，在全面理解系统设计内涵的基础上，应用产品系统设计思维为人和产品之间提供了一个更好的使用环境和状态，让人与自然和谐发展。

随着社会主义市场经济的确立，我国的发展进入了一个全新的时代，人民生活水平的提高使人们对产品质量的需求提升到了对产品美的享受。当前，我国正处于一个机遇与挑战并存的时代，这不但为中国的企业提供了更多在国际市场竞争的机会，也为现代设计师提供了一个很好的发展舞台。全国大多数高等院校都开设工业设计专业课程，作为教育工作者我们培养的应该是专业、全面、灵活、具有多方面知识驾驭能力的工业设计人才，以适应我国经济建设发展的需要。

本书与当代工业设计发展紧密结合，体现当代创新设计思维，结合大量当下国内外设计案例，使形式上图文并茂，极大地丰富了教材内容，加强了教材实用性，引导学生能更好地学习和理解。内容编写上注重产品系统设计的理论分析，着重论述了系统与产品系统的内涵、产品系统涉及的各要素、系统设计流程与思维方式，并以用户、产品、文化、环境四方面为主体综合全面地讲解了产品系统设计方法，内容框架完整，既能满足课堂上授课的需要，又有一定的扩展内容以及明确的章节作业要求，对教学有很好的指导作用。本书避免了传统的教材编写模式，在保证内容的前提下，以提高学生的阅读和学习兴趣为大前提，形式编排和语言撰写方面突出新颖性和趣味性。除经典设计案例分析外，本书还加入了优秀学生作品，其中不乏一些大赛的获奖作品，以期指导和激励学生进行产品系统设计创新与实践。

在编写过程中，国内外的优秀设计案例让本书增色不少，在此对广大设计师表示由衷的感谢，同时感谢所引资料作者的帮助，他们先前的研究内容是本书强有力的基础。感谢本人所在单位辽宁科技大学各位领导和同事的关心、帮助与鼓励。感谢我研究生时期的同窗好友——大连工业大学田甜老师以及与我同心协力、年轻有为的同事岳涵老师对本书的支持与付出。由于时间紧迫，编者水平有限，书中难免有疏漏和浅薄之处，敬请广大读者和专家批评指正。

编者

2015年12月

教学导引

一、教材适用范围

产品系统设计是工业设计专业的主干课程。通过本课程的学习，学生可进一步熟悉产品设计的一般过程，并树立系统的设计思想，掌握系统设计的理论、知识和方法，学会将设计对象当作一个整体系统加以认识和研究，并能够达到综合运用相关知识解决实际设计问题的目的，为今后从事产品设计实践打下坚实的基础。本教材不仅可以作为普通高等院校工业设计专业课程教材，而且可供广大从事工业设计的读者阅读参考。

二、教材学习目标

1.了解系统、系统论、产品系统。

2. 掌握系统设计的流程与思维方式。

3. 熟悉产品系统设计要素与产品系统设计方法。

4. 培养学生系统的思维模式以及综合、全面、独立的创新设计能力。

三、教学过程参考

1. 了解系统的内涵，建立产品设计的系统观。

2. 理解产品系统的整体与部分、外部系统与内部系统，举例论证现代产品的系统化特征。

3. 配合案例分析强化产品系统内部要素与外部要素的理论，重点学习并讨论产品系统设计的思维方式与流程。

4. 分别以用户、产品、环境、文化为主体，全面系统地运用产品设计方法，建立产品设计系统整体的思维模式。

5. 通过经典设计案例与优秀设计作品，引导学生进行产品系统设计，完成设计作品。

四、教学实施方法参考

1. 课程理论教学。

2. 资料收集查阅。

3. 小组合作设计。

4. 案例讨论与设计展示。

5. 实物制作与检验。

建议课时

总课时：48

章节	内容	理论学时	实践学时
第1章	系统与系统论	2	0
第2章	产品系统概述	4	2
第3章	产品系统的组成	6	6
第4章	系统设计概述	4	2
第5章	产品系统设计方法	6	6
第6章	产品系统设计实践案例	2	8

目录

第1章　系统与系统论

世界是物质的，物质世界也是系统的。

系统是由具有有机关系的若干事物为实现特定的功能目标而构成的集合体。构成系统的事物，称为系统的元素，元素间相对稳定有序的联系方式称为系统结构，元素间通过有机结构产生的综合效果称为系统的功能。

首先，产品是系统的。

作为一定功能的物质载体，产品本身就具备多种要素和合理结构，要素和结构之间的相互关系构成具备相对独立功能的闭环系统——产品内部系统；同时产品必须在特定的社会文化环境中被消费者使用才能实现其功能，即产品又是一个与外部环境相关联的开环系统——产品外部系统。产品的内部系统和外部系统统一于产品的生命周期，从产品的生命周期出发，以人类社会可持续发展为目标的产品设计思维方式——产品系统设计思维方式，在现代产品设计中具有重要的现实意义。

其次，产品的生命周期是系统的。

现代产品的生命周期是指“从产品的形成到产品的消亡，再到产品的再生”的整个过程。产品的生命周期是一个开放的动态过程系统，一般包括原材料的获取，产品的规划与生产制造，产品的销售分配，产品的使用及维护，废旧产品的回收、重新利用及处理等阶段，整个生命周期如图1–0–1所示。

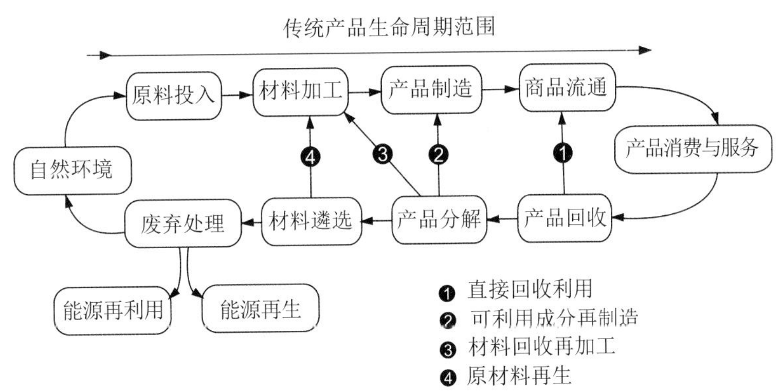

图1–0–1　产品生命周期

从产品生命周期图可以看出，产品正是在过程系统中，与人和环境发生着有意义的联系，比如通过营销者在市场环境下将产品转化为商品，使用者利用产品创造合理的生活方式，而回收者通过对废旧产品的拆解和回收，将产品转化成可再生利用的资源，制造者将资源又制造成新产品，产品系统的功能正是在这种人—产品—环境相互作用和协调的过程中实现的。

最后，产品设计的过程是系统的。

产品系统设计的思维方式主要体现在从产品内部系统的要素和结构之间的关系，产品与外部环境之间的相互联系、相互作用、相互制约的关系中综合地考查对象，从整体目标出发，通过系统分析、系统综合和系统优化系统性地分析问题和解决问题。产品系统的整体性是产品系统设计的基本出发点，即把产品整体作为研究对象。设计的目的是人而不是物，产品作为实现生活方式的手段，它必须在一定的时空环境、文化氛围和特定人群组成的生活方式中通过系统的过程，在各种相互联系的要素的整体作用下，才能实现产品系统的功能意义。因此，在设计之前明确产品设计的系统过程和整体目标，即设计定位，是十分必要的，产品系统的设计将围绕产品的设计定位展开。

产品形成系统分析和系统综合是相对的，对现有产品可在系统分析后进行改良设计，对尚未存在的产品，可以收集其他相关资料通过分析后进行创造性设计。一个产品的设计涉及使用方式、经济性、审美价值等多方面内容，用系统分析、系统综合和系统优化的方法进行产品设计，就是把诸因素的层次关系及相互联系等了解清楚，按预定的产品设计定位综合整理出最佳解决方案。

1.1 系统概述

1.1.1 系统的概念

“系统”的英文为“system”，来源于古希腊语，是由部分组成整体的意思。中文对“system”解释为体系、系统、体制、制度、方式、秩序、机构、组织等。通常把系统定义为：由若干要素以一定结构形式联结构成的具有某种功能的有机整体。在这个定义中包括了系统、要素、结构、功能四个概念，表明了要素与要素、要素与系统、系统与环境三方面所体现出的“个体—个体”和“个体—整体”之间的关系。一般认为由两个以上的要素组合而成的具有一定结构的整体，就可以视为一个系统。

任何系统都是一个有机的整体，它不是各个部分的机械组合或简单相加，系统的整体功能是各要素在孤立状态下所特有的新质。我们反对那种认为要素好整体性能就一定好的观点。亚里士多德的名言“整体大于部分之和”说明了系统的整体性。系统中各要素不是孤立地存在的，而是每个要素在系统中都处于一定的位置上，起着特定的作用。要素之间相关联，构成了一个不可分割的整体。要素是整体中的要素，如将要素从整体中分割出去，它将失去要素的作用。

1.1.2 系统的分类

系统的构成多种多样，大到宇宙空间，小到微生物、细胞的结构构成，无一不涵盖着大大小小、或简单或复杂的系统结构。根据其不同的属性和特征，我们可以对其进行多种方式的分类。按人类干预的情况可划分为自然系统（指先于人类产生而存在的自然物构成的系统）和人造系统（指人类有目的的造物实践活动而产生的系统），其中人造系统又可以细分为三类：一类是人对自然物进行加工而获得的系统；另一类是在一定的社会历史条件下，人们所组成的一定的社会系统；还有一类是人们对自然与社会进行认识而建立的科学理论体系。这也是最一般的划分方法。此外，还可按学科领域分成自然系统、社会系统、思维系统；按范围划分则有宏观系统、微观系统；按与环境的关系划分为开放系统、封闭系统；按状态划分为平衡系统、非平衡系统、近平衡系统、远平衡系统。除此之外，还有大系统与小系统、简单系统与复杂系统、静态系统与动态系统的相对区别。

1.1.3 系统的特征

系统是由多个事物构成的，是一种有序的集合体。单一的事物元素，如一个零件、一个方法、一个步骤等，都不能被作为系统来看待。系统中的各个构成元素是相互作用、相互依存的。无关事物的综合不能算作系统。从层次的观点看，一个系统可以包含若干子系统，子系统也可以包含若干子系统等。关键问题在于看待事物的角度。某生产线的一部机器不是系统，只是该生产线系统中的一个元素，但从这个机器的角度看，零部件构成了该机器的工作系统。

并不是任意事物都能被称为系统，系统的概念也是相对的，它取决于人们看事物的方法。从这种意义上来讲系统的概念不是告诉我们世界本身是什么，而是要告诉我们应该怎样看世界。

系统的特征可以概括为以下几点。

① 整体性：即系统是两个元素以上的集合。

② 目的性：即系统必须完成一种特定的功能，各元素、各子系统既相互协同又制约地达到系统目的。

③ 有序性：即系统中各种多层次结构应有秩序地工作。

④ 反馈性：即根据系统输出功能的情况，系统从内部机制或外部因素改变控制过程，以改善系统输入等状态的品质。

⑤ 动态性：即系统总是处于相对的稳定状态，而绝对地处于运动状态，随时随地在各种正常或不正常输入与干扰信号下运动。

1.2 系统论概述

1.2.1 系统论的产生与发展

一般系统论是关于一般系统的理论。系统论的思想自古有之，它不仅在人类思想发展史上做出了重要的贡献，还在人们日常的生活实践中发挥了不可替代的作用。比如我国传统的“天人合一”思想，强调天人相通和循环统一，又如传统的五行学说和阴阳论，都将世界看成是一个循环相生的大系统。无论是医学巨著《黄帝内经》，还是系统化的汉代漆器，又或是古希腊、古罗马的模具工艺，无一不体现了早期人类的世界观和大智慧。但其作为一门学科被认可是在20世纪三四十年代，由美籍奥地利学者L.V.贝塔朗菲（Ludwig. Von. Bertalanffy，1901—1971）（图1-2-1）创立的。他于1937年在美国芝加哥大学首次提出了一般系统论的概念，并于1945年和1968年先后发表了论文《关于一般系统论》和出版了专著《一般系统理论基础、发展和应用》，从而奠定了系统论学科的理论基础。美国工程设计领域于20世纪40年代开始应用系统论概念，50年代起系统理论的科学内涵逐步明确，使广泛的专业学科领域都可以从实质上把握和应用。

图1-2-1 L.V.贝塔朗菲

随后，为了将系统论转化为生产力，相应产生了系统工程方法，并在许多领域发挥了重大作用。美国阿波罗登月计划的成功，可谓是系统论的杰作。自20世纪70年代以来，世界各国先后进入由工业社会向信息社会、后信息社会过渡的转型期。在工业设计领域，这一重要特征表现为三方面。首先是人造物的个性化和多样化，不再是大批量标准化的生产，而是根据顾客的需求，进行充分体现人的个性的生产。设计周期越来越短，系统设计的整个流程都将逐步并入网络系统。同时，对设计需求的多样化，性质复杂化是不可避免的。其次表现为人造物系统设计中的高度参与性，网络发展使每个人得以自由、全面地参与到社会生活的各个方面。用户甚至可以在某些领域进行自行设计或参与到设计的全过程，随时与产品设计师交换意见并提出建议。再者，知识发展、机器现代化的结果不断增加了人的知识，提高了设计师的设计能力。机器——电脑替代了人的一部分体力与脑力劳动，给人提供了更多的闲暇空间，使人类有更多的机会来不断发展和完善自身。

系统概念在工业设计中有下列三层含义。第一，系统概念被用于工业设计后，人们不再把设计对象看成是孤立的东西，而是把它放在系统中看待，使功能设计不再局限于单一的设计对象，还要考虑它与其他环境因素之间的关系，例如，从社会交通系统角度来考虑交通标志和交通工具；从厨房系统角度来设计它的各部分，以此类推来设计卧室系统、办公室系统、通信设备、大众消费系统等。第二，从系统概念出发，系统设计方法也被用于单一商品设计，例如，单件家具和工具也被看成是一个系统，为它们设计组合部件，使之容易安装与拆卸。第三，考虑物体之间的位置关系，例如，设计一把椅子时，往往不会考虑椅子之间的关系，而系统设计让设计师考虑椅子之间的摆放、包装与存放等问题。系统概念还引发了许多设计创新，例如创造了第一个组合音响设备、组合柜、工具箱等。

1.2.2 系统论的应用

现代设计中，应用系统论思想和方法的情况是十分普遍的，许多问题都可以用系统论思想和方法去认识、分析和把握，如资料信息的分类、收集和整理，设计进程计划的安排，设计目标的拟定，设计中“人—机—环境”系统的分析等。对工业设计人员来说，主要是掌握系统论的基本思想和方法，树立系统的设计观念，了解系统分析和综合的基本特点，在实际设计过程中能针对具体情况作出必要的分析和设计。

从设计的意义上讲，行为系统指的是为创造更合理的生存与发展方式的行为，通过人的各种行为形成其行为，系统作用于物和环境。设计的手段包含了系统中人的因素、机器设备的因素和相关联的处理方式。人机系统中，设计是概念手段，而具体的手段，包括方式则构成一个分系统。从设计的具体对象出发进行各种资源的组织、调配、布置，形成从组织形式上而成的系统。

在设计过程中，相互关联、相互制约的方法及理论在指导设计的整个过程中表现出一定的目的性、相关性的集合，形成设计范畴内的方法系统，包含了设计前期调查阶段的、设计过程中的及设计完成评估阶段的各种方法系统。

因此，系统设计是运用系统论的有关原理、方法与形象表达手段，全面、动态地研究人在生存发展中的相关问题；研究相关的整体与环境、整体与部分、部分与部分的关系；是从需求分析出发，将用户需求转化成能满足信息需求的新系统的过程，进而构成完整、科学、有序、有效，且能综合解决相关问题的创新方案。

系统论的设计思想，核心是把设计对象以及有关的设计问题，如设计程序和管理、设计信息资料的分类整理、设计目标的拟定、人—机—环境系统的功能分配与动作协调规划等，视为系统，然后用系统论和系统分析的概念和方法加以处理和解决。所谓系统的方法，即从系统的观点出发，始终着重于从整体与部分之间，整体对象与外部相互联系、相互作用、相互制约的关系中综合地、精确地考查对象，以达到最佳处理问题的一种方法。其显著特点是整体性、综合性、最优化。系统论的设计思想主要表现在解决设计问题的指导思想和原则上，就是要从整体上、全局上、相互联系上来研究设计对象及有关问题，从而达到设计总体目标的最优和实现目标过程和方式的最优。人造物设计要在技术与艺术、功能与形式、宏观与微观等联系之中寻求一种适宜的平衡和优化，片面地研究某一侧面并加以过分的强调都必然导致设计的偏差。孤立地追求造型形式或技术功能的最优并不一定能保证产品整体的最优。人造物的设计、生产、管理，人造物的经济性、维护性，包装运输、安全性、可靠性等方面都应从系统的高度加以具体分析，确定其各自的地位，在有序和谐调的状态下发挥作用。系统论的次优化原理告诉我们：整体大于部分之和，一个人造物及其有关问题并不是相关要素的简单相加，只有协调好各元素的关系才能充分发挥其作用。

例如，在设计家用木椅时，首先要根据产品的外部环境（使用者、使用环境等）确定产品定位——通过家用摇椅为老年人提供舒适的休息方式，然后用系统分析的方法确定实现目标的手段——摇椅的结构和要素。而采用何种结构和要素来实现功能，这是设计的方案。基于设计定位限定的方案所要考虑的因素十分复杂，作为木椅来讲，通常有造型、构造、连接等结构关系和材料、色彩、人体工学、价格等要素特征，这种将功能转化为结构、要素的过程就是系统分析；结构和要素的变化都可以使方案呈现出多样化的特征，在多种方案中，需要在错综复杂的要素中寻找一种最优的有序结构——特定的“方式”来支配各要素，用最符合设计定位的方案形成新产品，这个过程就是系统综合和系统优化。整个系统设计行为是通过“功能—（结构—要素）”的系统分析与“（要素—结构）—功能”的系统综合和系统优化，形成新产品的过程。

从根本上说，系统论主要是一种观念、一种看问题的立场和观点，它并不着重于告诉我们事物本身是什么，而是强调我们应该如何认识和创造事物。因此，系统论具有方法论的意义，是一种设计哲学观。对于这一点，应引起足够的注意，不能把系统论的设计思想和方法理解为设计的技术。

思考与练习

1. 论述系统的核心理念、分类与特征。
2. 请阐述系统论对现代设计的意义。

第2章　产品系统概述

2.1 产品系统的概念

系统是具有有机关系的一些事物，以实现某些特定功能为目标而进行一定的有规律的组合。这些事物可以是简单的个体要素，也可以是复杂的子系统，它们被统称为系统要素，要素之间相对稳定的排列组合关系称为系统结构，而通过系统结构实现的目的或效果称为系统功能。其核心是事物构成的全局思想和整体观念，正如系统论创始人贝塔朗菲强调的那样，任何事物和构成事物的要素都不是孤立存在和简单相加的，任何系统都是一个有机的整体，系统功能的发挥是在各要素之间正确关联的作用下形成的。要素是系统的一部分，它们的作用在系统之中得以体现，离开了系统也就失去了自身的价值。产品系统也是如此，需要各要素间的相互联系和配合，比如索尼相机内部结构（图2–1–1）。通过爆炸图我们可以看到相机主要由机身、镜头、快门控制器、取景器、感光器（CCD或CMOS）、液晶显示屏、存储区以及电源等几大功能部件组成，其他的线路板和连接件都以辅助这几大功能为目的。机身主要负责整个相机的组合联结以及包容各元器件后的整体造型；镜头则主要是负责调整焦距；快门控制器是用来拍照的按键，同时还肩负了图像曝光模式的调整功能，比如快门优先、光圈优先、自动曝光等；取景器主要负责相机的取景功能；感光器即相机的感光元件，又被称为相机的心脏；液晶显示屏是和感光器相配合的，主要起到显示功能；存储区负责图像的输入和输出，需要与储存卡配合使用；电源则是整个机体的动力来源，为所有的功能部件提供能源支持。

产品系统论是一般系统论的派生理论，而一般系统论则是产品系统论的母体，对产品系统论起指导作用。产品是人类实现生产生活目的的物质载体，生活物品、工作物品、学习物品、娱乐物品、社交物品、运动物品等围绕在人类周围，支撑着人类的生存。同时，每一件产品都不是孤立存在的，它必须与所在环境中的人和其他要素相互关联来实现其功能意义，因此学习产品设计就必须从产品的各个要素入手，从思维上建立起系统意识，从而做出符合人—机—环境的优质产品。

图2–1–1　索尼相机的内部结构

2.2 产品系统的整体与部分

如图2-2-1所示，任何事物都存在整体和局部，同时也充当着其他物体的整体和局部。比如我们可以将树木本身看成一个整体，它包含了树叶、树枝、树干、树根等几大部分；随着视角的扩大，一棵树在森林里就仅仅变成了一个局部或者说是个体，众多树木的集合就变成了一片森林；继续扩大视角，我们会发现每片森林又仅仅是地球森林系统中的一部分或者说是一个区域，地球森林系统由众多个不同大小的森林区域构成；接着放大视角，站在地球的角度，整个森林系统对于地球来说也仅仅是一个构成要素；把视角放大到星系，地球就变成了星系中众多星球中的一个；如果继续扩大视角，就会发现我们所在的银河系也只是宇宙众多星系中的一个局部，而宇宙中存在着大量相同或不同规模的星系群。

整体和部分的关系比较复杂，简单来说，由于整体由部分组成，因此部分的优劣直接决定了整体的好坏，而整体的变化又会在一定程度上对各部分起到能动的反作用。但是值得注意的是，部分的优劣并不是单纯指其在质量上的好坏，而更多的是指部分在整体中是否能够处在一个恰当的位置，并起到积极的作用。例如，一支配合默契、积极进攻的球队，即使没有大牌球星，依然可能战胜星光云集却各自为战的全明星队伍。团队的成功依靠的是内部成员的各负其责和团结合作，只有这样团队整体才会爆发出巨大的潜力，而如果内部成员思想涣散、组织松散，即使个体成员再优秀或增加再多的成员都只能被称为组合体。图2-2-2所示是由劳伦斯·彼得（Laurence J. Peter）提出的著名的“木桶理论”而衍生出的“新木桶理论”，即木桶能够装多少水，不光取决于最短的短板，更取决于木桶之间有无缝隙。若有缝隙则木桶即使没有短板，水也会从木桶中泄出。

图2-2-1　相对的整体和局部

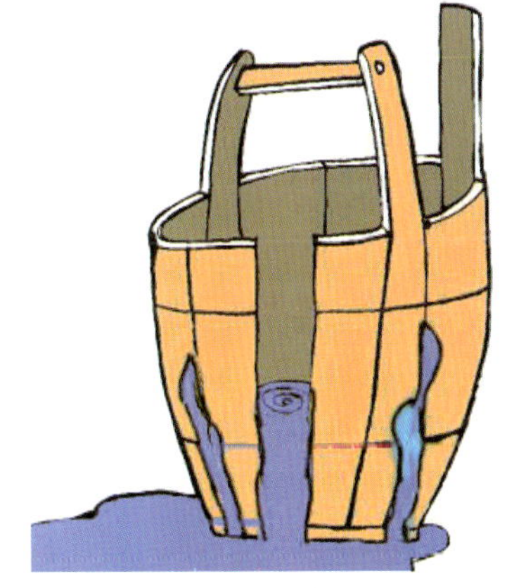

图2-2-2　新木桶理论

2.3 产品内部系统与外部系统

产品系统可分为内部系统和外部系统两部分，它们同时存在并统一于产品的整个生命周期之中。作为有一定功能的物质载体，产品本身就具备多种要素和合理结构，产品内部系统主要是指要素和结构之间的相互关系构成的具备相对独立功能的闭环系统，包括产品的功能、形态、结构、材质、色彩、人机尺度、制造工艺等（图2-3-1）。交互设计产品则主要包含图形、像素、文字、色彩等，这些都是产品设计中产品内部系统的一个比较简单的概述，如果是在实际中的一个真实的产品开发，构成产品内部系统的各个要素有时候会非常复杂，比如汽车设计。汽车设计是产品设计门类里复杂程度较高的产品，在汽车的研发设计中，从最初的产品灵感来源到设计草图，再到结构设计、数模设计、内饰设计、油泥模型、1:1样车等，每个环节都需要大量的研讨、模拟、修改、敲定以及实施，这个流程可以代表标准的产品内部系统的设计流程。

产品必须在特定的社会文化环境中被消费者使用才能实现其功能。产品的外部系统主要是指产品本身与使用环境之间的联系，如自然环境、社会经济环境、人文环境等，即产品又是一个与外部环境相关联的开环系统。如图2-3-2中所示，适用人群、绿色环保、经济性、文化性以及可实现性等要素都对现实产品的开发设计有着不同程度的影响，产品设计的最终目的就是通过产品达到人—机—环境的和谐统一。不同地域的人有着不同的生活习惯和脾气秉性，在使用产品时也会产生不一样的使用方式，而即便是同一个人的同一个使用行为在不同的文化背景下也会产生不同的解读方式，这就使得产品在研发阶段必须将外部系统因素融入其中，进行综合考量。

图2-3-1　产品内部系统

图2-3-2　产品外部系统

2.4 产品生命周期系统化

传统的产品生命周期理论认为，产品的寿命是其从加工制造的完成到使用寿命的终结这样一个直线形的周期过程，即一个新产品从投入市场到退出市场，最后到消亡的过程。但是随着时代的发展，新技术、新工艺的层出不穷以及设计流程日趋成熟化和复杂化，传统的产品生命周期理论被越来越多的人质疑。并且，因人类环境问题的日益凸显，人类的环保意识和环境需求日益提高，越来越多的产品废弃物对人类的生存产生了严重的威胁，而现有的处理技术却无法在根本上使其妥善被处理（图2-4-1），这也在客观上要求产品生命周期的理论和实践研究推陈出新，特别是20世纪80年代末出现的绿色设计风潮。著名设计理论家维克多·巴巴纳克出版的《为真实世界而设计》（*Design for the Real World*）成为绿色产品生命周期的理论基础。

从系统论的角度来看，产品绿色生命周期主要是指产品从项目的确立，到产品的研发和生产制造，再到产品的衰退这一直线形周期，演化为废弃品后进行二次创新产品，从而变为闭合的环型周期，即在产品生命周期中添加回收环节和要素，从而使其组成一个循环系统，使产品经过原材料的提取、产品的设计开发、产品的生产制造、产品的销售和服务、产品的消耗和维护、产品的废弃回收、资源的重新利用等阶段，直到进入另一个产品系统而构成了循环上升的态势。在这个循环过程中，产品的设计与人的生活工作环境不断地发生着联系。

比如，在设计立项环节，需要考虑产品的各项功能为使用者的生活带来了何种便利，甚至是否能够改变人们的生活方式和习惯；在产品的生产制造环节，需要考虑使用何种材料和工艺来制造产品，并且尽量减少对周边环境的污染，同时还需要有利于后期产品的回收再利用；在产品销售环节，需要考虑产品的包装是否合理，是否会对环境产生负影响，并且在广告宣传中也需要融入环保意识，如近年来媒体经常报道的天价月饼，月饼本身并没有多高的成本，而主要的费用却都花费在包装的设计、生产和制造中，这是一种典型的本末倒置的行为，不仅增加了产品的生产成本，还造成了环境污染和资源浪费；在产品流通环节，应考虑如何合理地安排运送方式以减少不必要的排放和资源浪费；在产品的使用阶段，设计师和生产者应充分地考虑各种因素，如材料、人机、外观等，从而延长产品的使用寿命；在废弃产品的回收环节，应重点考虑如何使产品通过拆分和再加工被有效转化为可重新利用的新资源，从而使制造者可以将这些资源重新利用形成新的产品。可见，产品的整个生命周期中的各个环节都必须被纳入产品系统设计之中，用系统的设计思想和方法予以解决，使产品在这种人—机—环境相互作用、相互协调的过程中实现绿色循环（图2-4-2）。

图2-4-1　现有处理技术无法妥善解决所有废弃产品

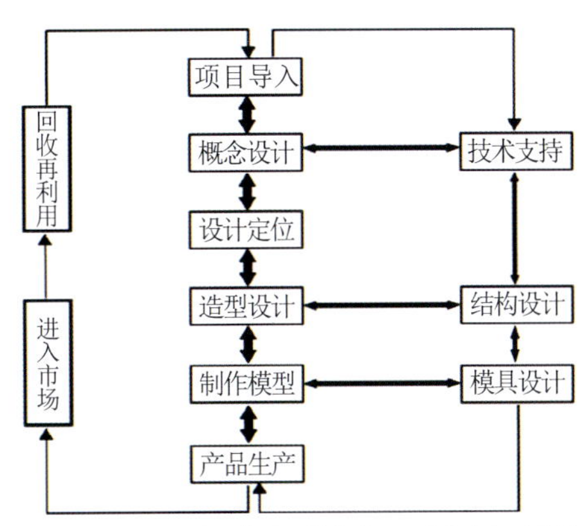

图2-4-2　产品生命周期的系统化（LED节能台灯系统设计研究 时阳 南京工业大学 2013）

2.5 现代产品的系统化特征

每一件产品都是一个系统化过程的具体体现。在现代技术条件下，产品的生产制造过程中融合了社会、文化、经济等因素间的依存和制约关系，而这种依存和制约关系随着科技的进一步发展、社会人文的变化等将会更加明显，产品的系统化特征将进一步强化。下面将从三个方面对此进行描述。

2.5.1 产品信息化

处在信息化社会的现代产品是无法摆脱信息烙印的，产品信息化也是现代产品系统化过程中体现得最彻底的特征。随着信息重要性的逐渐凸显，信息本身已成为最重要的产品，而实体的产品愈发成为一种信息的载体。信息化已全面地融合到产品的生命周期中，从产品的设计生产到推广销售，再到售后维修，都脱离不了信息化的影响。无论是信息产品还是信息的载体，在设计时信息已成为首先要考虑的问题。产品信息化主要体现为产品制造信息化、产品发展方向信息化、开发设计的信息化。

（1）产品制造信息化

信息时代的到来使得信息要素成为制约现代制造业的主要因素。信息化使产品生产由工业化向知识化方向转变，使过去产品制造中的生产劳动变为知识劳动。现如今，少量、多品种的设计生存模式取代了先前的少品种、多批量的设计生产模式，而生产模式得以成功转变则依赖于计算机信息技术的广泛应用：计算机辅助设计（CAD）、计算机辅助工程（CAE）、计算机辅助工艺设计（CAPP）、计算机辅助制造（CAM）。机器控制机器的实现，在一定程度上将人从操作岗位上和一部分脑力劳动中解放出来，转而开发人的无限智力资源。

（2）产品发展方向信息化

当今时代，市场需求多样化使得买方在商品交易中占了主导地位。在同质化现象日趋明显的今天，消费者更加看重产品内在的附加价值，因此企业必须不断寻求或者研究开发采用新技术、新材料，或引进技术所产生的全新产品。所以产品设计会有以下趋向：① 同一产品的功能及使用范围多样化；② 改进产品结构，减少产品零部件，缩小产品体积，减轻产品重量，使其复合化、一体化，便于携带运输及安装；③ 融入高新技术，实现产品“傻瓜化”；④ 满足人们的精神生活追求，同时也体现出消费者的价值和品位。

“空气地球仪”（图2-5-1）是一台可以模拟世界特定区域空气的气候净化装置，确保用户可以享受到自己喜欢的气候环境。它可以搜集所选区域的实时温度、湿度、气味和声音，并将气候环境复制到家庭环境中。用户可以用手旋转虚拟的地球仪，在放大取景器下移动选定区域并模拟复制气候环境。

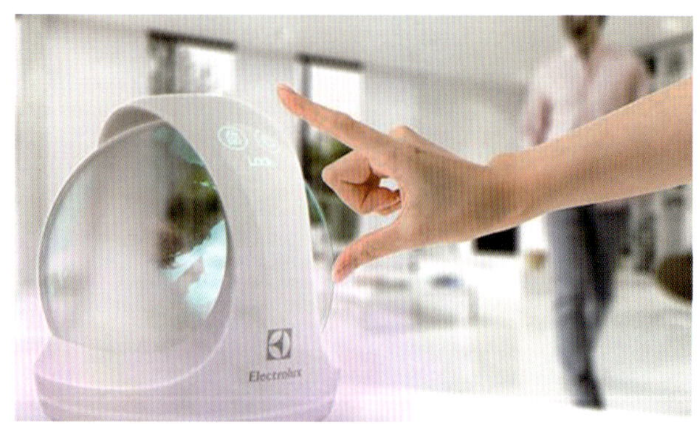

图2-5-1　空气地球仪

（3）产品开发设计信息化

如今的设计师们普遍采用计算机信息技术进行辅助设计，并行设计广泛应用。所谓并行设计就是指在产品开发设计的初期阶段就由开发设计人员、质量控制人员、生产制造人员、营销人员，有时还加上售后人员等相互协同工作，涉及生产、制造、技术、销售、售后等各项工作同时并进。并行设计相对于按照“设计—生产—销售”这一固定程序和顺序依次进行的串行设计模式更加先进。并行模式使得所在整个设计生产各环节的目标更加明确，能够控制好所在环节中的关键因素，在一开始就能致力于寻求并发现能满足新产品性能的技术以及能满足目标成本和材料的合理的加工工艺等，也就是将产品开发设计的相关过程系统化，以最大限度地满足消费者的需求，实现企业利益的最大化。

并行设计常采用CAD、CAE、CAPP、CAM、逆向工程（逆向是指直接从模型或实物获得数控加工程序、再通过数控程序的几何数据获得零件图纸的一种技术）、快速成型、虚拟产品制造等现代化生产制造技术，建立全面的质量监控体系，以便及时做出必要的调整。

2.5.2 产品系列化

产品系列化丰富了产品的种类，同时生产者使用可利用的技术在有效的时间内获得了更大的利益，也维护和提升了品牌的地位。所以说产品系列化是消费者对产品功能升级的要求，也是商业与技术平衡的结果。

通常我们把相互关联的成组、成套的产品称作系列产品。系列产品有以下几种类型。

（1）成套系列

成套系列即是配套的概念。通常以相同功能、不同型号、不同规格的产品构成系列。尽管功能相同，各个单件的使用频度也不尽相同，但组合在一起可提高产品的适应性，也可满足特定的需要。另外，因为充分体现了成套意识，成套系列可以增加商机。同时，成套产品便于收纳，而且整齐美观，具有良好的视觉效果（图2-5-2、图2-5-3）。

图2-5-2　一套陶瓷用品

图2-5-3　一套红酒开瓶器具

（2）家族系列

家族系列即由有独立功能的产品构成系列。但家族系列中的产品，不一定要求可互换，而且系列中的产品，即使有同样的功能，但却在形态、规格、色彩、材质上有所不同，这与成套系列产品相似。但产品之间不一定存在功能上的相关性。这类产品更具有选择性，更具有商业价值，从而更能产生品牌效应（图2-5-4、图2-5-5）。

图2-5-4　博世品牌系列手动工具

图2-5-5　飞利浦品牌系列音箱

（3）单元系列

单元系列是以不同功能的产品或部件为单元，各单元承担不同的角色，为共同满足整体目标而构成的产品系列。该系列产品的功能之间不可互换，但有依存关系。这种系列也可以形成家族感，但与形式上的统一感相比，功能上的配套性更为重要。从使用角度上讲，这种系列设计的意义在于体现功能协同上的可靠性；从商品角度讲，更能体现出品牌效应（图2-5-6、图2-5-7）。

图2-5-6　阿莱西系列餐具系列

图2-5-7　园艺工具系列

（4）组合系列

以多个具有独立功能的不同产品，组合成一个产品系列，即为组合系列。这种系列类型的特点就是可互换。因此，要求产品要有一定的模数关系，甚至还要遵循行业标准或国家标准。由于这类产品遵循标准化，具有更好的适应性，因此这类产品往往使可互换的部分成为模块，与产品母体相结合，派生出若干系列（图2-5-8、图2-5-9）。

如果把一件产品看作是一个包含着若干要素的系统的话，那么系列产品就可以被看作是一个多级系统；如果把系列产品看作是一个系统的话，那么其中的一件产品就是一个相对于系统的要素。系列化产品的意义在于它可以构成丰富的产品系统，满足不同消费者的不同需求。而随着消费者需求的不断变化，市场可以及时作出应对。在多品种、少批量的设计生产模式下，设计人员不需要对系列化产品的某些要素作出大的改动，而可以采用标准化或者模块化设计的方法，将基本的构成要素进行不同的组合或局部的改进以形成不同规格、不同功能、不同档次的产品。不同型号产品的相同构件可以替换，既解决了产品维修问题又降低了生产和维修成本。

图2-5-8　餐具组合

图2-5-9　富士通手机/平板/相机/笔记本四合一概念终端

2.5.3 产品多元化

产品多元化是现代产品系统化最显著的特征。人们常用“琳琅满目”来形容多元化，但用这个词来形容现在的产品世界还远远不够。我们无法确切地用一个词去衡量产品世界的大小，它是人类社会以产品形式展示积累的成果，是对人们越来越多元化需求的回应。产品多元化尽最大可能地细化着消费者的需求，以期达到最好的服务，这种细化体现出了产品系统特征的成熟与市场融合的成功。需求的细化主要体现为以下几点。

（1）产品功能多元化

产品的功能设定一定要聚焦在用户使用场景中，在使用场景中来设计模拟产品功能。多功能的产品会比较受欢迎。比如，日常生活中微波炉的设计已经不仅仅局限于简单的加热功能了，而解冻、蒸、烤等功能也将样样齐全，成为名副其实的多功能食品加工机；空调变得很普及，而早期的空调只有制冷的功能，后来有了冷暖两用空调，到现在考虑到节能又有了变频空调；交通工具汽车也越来越注重功能的多元化设计，有公路及越野两用的跨界SUV，有既能烧油又能充电的混合动力车，还有多功能的移动房子——旅行房车；最能体现功能设计多元化趋向的应该就是智能手机了，短信、通话、拍照、上网、付款无所不能。这些都说明现在的产品越来越趋向于功能的多元化设计。

图2-5-10所示为戴森Pure Cool™空气净化风扇，是2015年红星奖金奖作品。产品将净化器与风扇功能完美融合，可将净化后的空气均匀、安静地吹送至屋内各个角落。此产品采用强大的气流倍增器技术，并使用风扇底部的混流叶轮吸入空气。产品采用修长的流线型设计，简洁轻盈的线条延续了戴森一贯的品牌设计，易于搬动并将空气处理的功能发挥到极致，其产品设计的艺术性使起居室更加整洁美观。

（2）产品形式多元化

形式服从功能一直是设计遵循的原则，但随着人们生活水平的提高，消费力和生活品质也在不断提升，特别是新一代的消费群体已不只对产品的物质层面有所要求，更对产品的精神层面有所要求，也就是说作为产品在内容上即功能上要满足实用的需求，但对形式上包括外观、造型、工艺品质等也提出了不同的需求。

著名的意大利孟菲斯小组就认为，在多元化的世界里，产品的形式、功能和材料三者都可以独立存在。具体地说，功能只是产品与生活之间的关系之一；形式并不只是为了表现功能，它本身是一种隐喻符号，可以表达特定的文化内涵；材料不仅是物质的保证，也是各种情感的载体，因为一个形式与功能相矛盾的产品，只要它表达某种特有的情趣，而且令人喜欢，便有存在的价值（图2-5-11）。

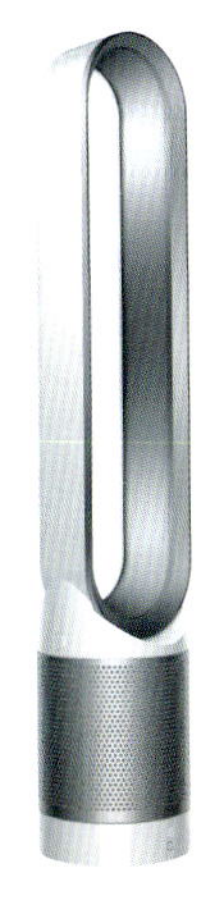

图2-5-10　戴森Pure Cool™空气净化风扇　戴森

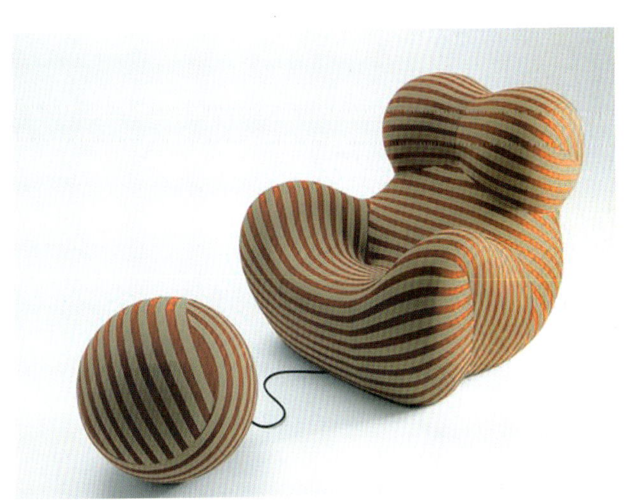

图2-5-11　UP沙发　盖塔诺·佩斯加

正是由于孟菲斯现象彻底突破了功能主义原则，为设计创立了评判的基准，使得今天形式多样的多元化产品设计层出不穷。比如，在家具产品中，有设计简约、用材普通的风格形式，也有精雕细刻、用材讲究的风格形式，尽管这些精雕细刻本身并无使用功能，但却有着精神层面的审美价值。再如，同样是钟表，有简单、便宜的电子表形式，也有镶嵌宝石的名贵机械表。虽然镶嵌的宝石与计时毫无关系，但却突出了带表人的个性，彰显了带表人的档次、地位等精神因素。由此可看出产品形式的多元化表现趋向早就存在。

（3）产品情感性体验多元化

情感性体验是消费者体验要素中最高层次的要素。功能和形式要素主要解决了用户的满意度问题，而情感的多元化，包括了产品的品牌精神、愉悦程度、探索互动等更高层次的内容。早在20世纪60年代初期，美国设计师埃德加·考夫曼首次提及“情势设计”，其概念是从物品设计向使用物品的状态和处境设计转移。

今天我们评价一个好产品往往会用很主观的感受，而这种感受会在用户心里建立一种情绪，令拥有者愉悦、满足，令旁观者惊讶、羡慕。生活设计品牌doiy推出的Cooking Blocks 系列厨具，将锅铲、汤勺、捞面勺的手柄部分设计成乐高积木块，可以轻松固定在配套的乐高形挂板上，简单明快的设计为厨房生活增添了些许童年趣味（图2-5-12）。另外，用户使用产品时的体验，应当与其产品的品牌精神一致。例如，苹果公司的品牌口号是“Think Different”，所以苹果公司的产品总是具有开创性，就像其开发的第一部iPhone手机、第一个有软件商店的平台等，这些产品带给用户的体验都与它的品牌精神高度一致。

产品设计应当考虑到不同的消费群体，同时还要考虑到一些特殊类型的人群，包括文盲、肢体残疾人士、老人、儿童等以及其他对新产品的使用不擅长的人群。

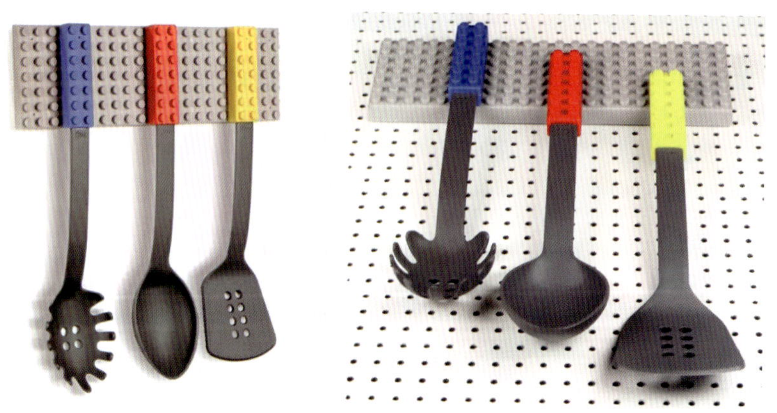

图2-5-12　Cooking Blocks 系列厨具　doiy品牌

2.6 案例赏析：苹果产品系统的设计分析

苹果公司（Apple Inc.）是美国的一家高科技公司。1976年4月1日由史蒂夫·乔布斯（Steve Jobs）、斯蒂夫·沃兹涅克（Stephen Wozniak）和罗·韦恩（Ron Wayne）创立，注册名为美国苹果电脑公司（Apple Computer Inc.），2007年1月9日更名为苹果公司，总部位于加利福尼亚州的库比蒂诺。

苹果公司创立之初，主要开发和销售个人电脑，后逐步发展成为集设计、开发和销售为一体的消费电子产品公司。苹果公司于20世纪70年代生产的Apple II成为个人电脑革命的“开拓者”，随后的Macintosh又将这种引领地位保持到了20世纪80年代。苹果公司的主要产品包括iMac电脑系列、iPod媒体播放器、iPhone智能手机和iPad平板电脑以及全新的智能手表Apple Watch；在线服务包括iCloud、iTunes Store和App Store；消费软件包括OS X和iOS操作系统、iTunes多媒体浏览器、Safari网络浏览器，还有iLife和iWork创意和生产力套件。苹果公司在高科技企业中以产品的持续创新而闻名世界，纵观苹果公司产品发展史（图2-6-1），苹果公司不仅定义并引领着计算机产业，还推动着技术创新，改变着人们对个人计算机的认知。苹果生态系统中产品的不断推陈出新，每一次都给用户带来了巨大的视觉和体验冲击。

图2-6-1　苹果产品1976~2009年发展史（1）

图2-6-1　苹果产品1976~2009年发展史（2）

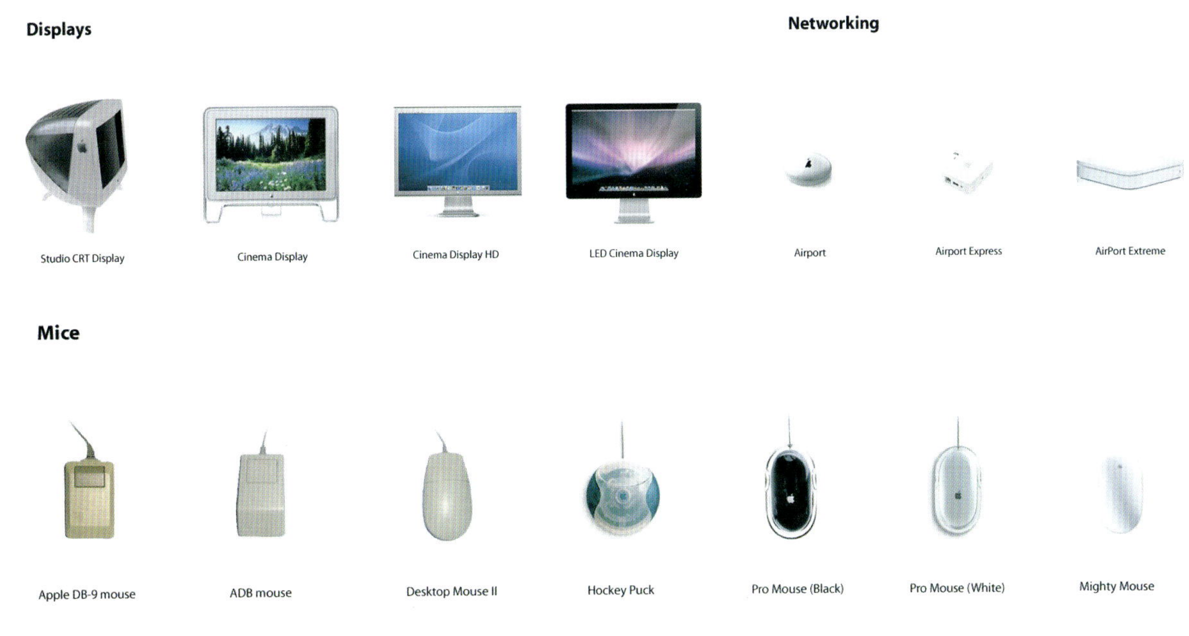

图2-6-1　苹果产品1976~2009年发展史（3）

2.6.1 iMac

1984年1月24日，苹果发布了第一台Macintosh计算机（图2-6-2）。如今，30多年过去，Mac已经成为世界上最知名也最受欢迎的计算机系列之一。Macintosh将图形用户界面广泛应用到个人电脑之上。在延续之前产品经典造型的基础上，继续简约化，堪称苹果计算机产品系统化中的经典之作。

图2-6-2　Macintosh计算机

图2-6-3　iMac G3

1998年苹果公司在计算机领域的又一力作iMac G3上市，凭借设计上的独特和出众的易用性，得到了消费者的青睐。iMac G3是整个PC产业中一款里程碑式的产品，它与以往的主流机型相比变化较大，但依然没有改变苹果产品的简约、经典的造型风格，没有多余的矫饰。首先是iMac G3改变了机身塑料的透明度，由半透明的蓝色塑料制成，并以蛋形环绕在15英寸的显像管周围，一扫PC界传统产品外形沉闷的风格，迅速成为一种时尚的象征（图2-6-3）。

随后苹果公司于1999年又推出了新款的iMac G3，除了在配置上做了相关的调整和改进以外，最大的变化是在外观上，苹果公司推出了5种颜色供用户挑选，即草莓红、蓝莓兰、青柠绿、橘子橙、葡萄紫（图2-6-4）。它的出现打破了个人电脑在人们心目中一贯的死板生硬形象，让人眼前为之一亮。曲线在产品上是绝对的主角。饱满挥洒的线条和圆角构成一个有着迷人曲线的主体，在任何角度都能看到圆润的线条。半透明塑料质感和多变的色彩曾一度引起其他厂商争相效仿，刮起一股iMac风潮。

2002年苹果公司发布了iMac G4（图2-6-5），它的机身像一盏台灯的灯座，液晶显示屏则通过一个可以自由旋转的转动杆连接，从而使其可以上、下、左、右自由旋转。由于它突破了人们对电脑外形的设计想象，因此iMac G4在当时被主流媒体称为不可思议的艺术品。2004年其又推出了iMac G5（图2-6-6），将整台电脑集成到了平板显示器中，且厚度仅为5厘米，使得iMac G5成为当年全球最薄的整合式台式机。在iMac随后的发展过程中，苹果虽然在技术和外观造型上不断突破，但始终遵循一体化的简约造型方式和风格，以保持产品的系统性，使产品具备高识别度、认可度和品牌效应（图2-6-7）。

图2-6-4　新款iMac G3

图2-6-5　iMac G4

图2-6-6　iMac G5

图2-6-7　iMac（2012年）

2.6.2 iPhone

苹果公司不仅在个人电脑领域取得了巨大的成功，其在智能手机市场也掀起了一场革命，并塑造了如今的智能手机产业。自2007年苹果第一款智能手机iPhone问世，苹果不断地对iPhone进行革新，期间造就了不少经典机型（图2-6-8）。

图2-6-8　iPhone手机

苹果的前三代手机在外观设计上差别并不明显，只是在功能上有所提升和创新。最初的iPhone，拥有家族化的Home键、金属后盖和3.5英寸显示屏。苹果的第二款iPhone手机iPhone 3G，和iPhone初代机型在外观上几乎相同，但在技术和使用材料上存在一定的差异。由于采用了塑料后盖，iPhone 3G的价格降低了，同时又获得了3G网络支持、GPS、第三方应用以及白色版机型。苹果的第三款手机iPhone 3Gs延续了第二代手机的塑料后盖，只在外壳和屏幕之间设计了一个仿金属边框，银色的边框让这款设备变得更为显眼。而在技术方面，苹果着重于速度的提升，加入了支持视频拍摄的300万像素摄像头，并且在设备所搭载的iOS 3系统当中，苹果还新增了语音控制功能和对文本的剪切、复制、粘贴功能。

iPhone 4手机是iPhone手机系列中首次进行的重大设计更新的产品。在材质方面，iPhone 4采用了不锈钢边框和玻璃材质后盖，棱角分明的线条一改前三代产品方中带圆的外观形象。在技术上，苹果引入了FaceTime前置摄像头、3.5英寸Retina显示屏和500万像素摄像头。iPhone 4s的外观对比iPhone 4基本没有发生明显变化，在技术上，也不过是升级了双天线的设计，并加入了更快的处理器以及支持1080p视频拍摄的800万像素摄像头。iPhone 5手机在材料上采用了全新的铝合金外壳设计，在外观造型上，手机屏幕增大到了4英寸，同时开始向轻薄化发展。iPhone 5s和iPhone 5c，这两款产品相对于iPhone 5来说在设计上改动不大，基本可以总结为两点，首先是iPhone 5s首次在Home键上加入了Touch ID指纹传感器，让用户可以通过指纹扫描来解锁手机，其次是iPhone 5s为用户提供了三种新的机身颜色可供选择，即金色、银色以及深灰色。而iPhone 5c在宣传时被定位为一部时尚年轻化的手机，iPhone 5c的“c”是“colourful”的意思，因此其机身共拥有绿、黄、红、白、蓝5种颜色可供选择，其壳体采用塑料材质，内部配置和iPhone 5完全相同，但售价略低。2014年苹果公司推出了iPhone 6及iPhone 6 Plus，其最大的设计亮点在于屏幕的尺寸。iPhone 6采用了4.7英寸显示屏，而iPhone

6 Plus更是达到了5.5英寸。两款设备都采用了Retina HD显示屏和曲面机身以及用于Apple Pay移动支付的NFC芯片，并且iPhone 6 Plus还加入了光学防抖功能。 iphone 6s是苹果公司目前为止推出的最新款iPhone手机提供金色、银色、深空灰色、玫瑰金色4种颜色供选择。屏幕采用高强度的Ion-X玻璃，CPU采用A9处理器，性能比A8提升70%，图形性能提升90%，后置摄像头1200万像素，前置摄像头 500万像素。摄像头对焦更加准确，CMOS为了降噪采用“深槽隔离”技术，支持4K视频摄录。数据连接方面，支持23个频段的LTE网络和2倍速度的WIFI连接。

通过对iPhone一代到iPhone 6s的分析我们可以看出，苹果公司在手机设计中更多地采用了系列化、家族化的设计思维，在外观上几乎以趋同或者趋近为主，区别仅在于屏幕更大或更小、机身更厚或更薄、倒角更圆润或更方正，其基本的外观形态并没有发生变化，更多是在技术上的创新和推进。

2.6.3 iPod

除了电脑产品和手机外，苹果公司还开发了一系列便携式多功能数字音乐播放器——iPod。iPod系列中的产品都提供设计简单易用的用户界面，除iPod touch与第六、第七代iPod nano外，皆由一环形滚轮操作。在早期，大多数iPod产品使用内置的硬盘储存媒介，而iPod nano、iPod shuffle及iPod touch则早已采用闪存。此外其也可以作为电脑的外置数据储存设备使用。iPod系列产品线主要包括：iPod touch、iPod nano、iPod shuffle、iPod classic 等衍生产品（图2-6-9）。同iPhone相同的是，无论iPod的型号如何升级变化都主要是在技术上的大跨度，其在外观设计中大多没有摒弃iPod经典的环形滚轮操作模式，以保持其产品的风格延续性和系列化，从而以高辨识度和品质感打动消费人群。

图2-6-9 iPod家族系列产品

图2-6-10 Apple Watch

2.6.4 衍生产品

拥有了品牌影响力以及产品自身的感召力，苹果的成功远不止如此。苹果在着力提升硬件技术的同时还十分重视构建产品的生态链条。苹果应用商店和iCloud账号可以通用于苹果手机、电脑、iPad等多个设备，可以共享相册、通讯录、短信等。苹果在无形之间，通过自身构建的生态链，成功地实现了硬件和软件服务的系统化。

Apple Watch是苹果公司于2014年9月发布的一款智能手表，有Apple Watch、Apple Watch Sport和Apple Watch Edition三种风格不同的系列（图2-6-10）。三个系列的表壳材质为铝合金、不锈钢合金，同时可以与多种表带任意搭配组合。Apple Watch采用蓝宝石屏幕与Force Touch触摸技术，有多种颜色可供选择。它的用户界面经过了全新的设计，可以支持用户通话、语音回短信、天气预报、航班信息、地图导航、播放音乐、测量心率、计步等几十种功能，是一款全方位的健康和运动追踪设备。Apple Watch的电池续航为全天候可使用18个小时，同时它还可以与iPhone配合使用，同全球标准时间的误差不超过 50毫秒。通过苹果产品系统生态链的作用，将有新用户为了更好地体验和适配Apple Watch购买苹果手机，这间接地促进了苹果手机的销售，而已经有苹果手机及产品的用户为了体验新的功能拓展，也会更中意于购买一部Apple Watch，这也客观地保证了Apple Watch的销售市场和受众人群。

苹果商店作为其系统链条上的软件服务部分也起着十分重要的作用。作为产品硬件的衍生物，其依托于硬件产品而又提高着硬件的服务范围和用户体验感。图2-6-11和图2-6-12所示是苹果的音乐商店iTunes Store和应用商店App Store。iTunes Store是一个由苹果公司营运的音乐商店，需要使用iTunes软件连接。它的运营和发展有力地证明了音乐经由网络销售的可能性。App Store是iTunes Store中的一部分，是iPhone、iPod Touch、iPad以及Mac的服务软件，允许用户从iTunes Store或Mac App Store浏览和下载一些为iPhone或Mac开发的应用程序。用户可以购买收费项目和免费项目，将该应用程序直接下载到iPhone、iPod touch或iPad、Mac中。其中包含游戏、日历、翻译程式、图库以及大量实用的软件。这些软件均由 Apple和第三方开发者为 iPhone量身设计。同时苹果公司会对 App Store中的所有内容进行预防恶意软件的审查，因此，购买和下载App的来源完全安全可靠。它不仅有效地扩展了苹果产品的应用领域，还起到了保护用户信息安全和保护第三方开发者知识产权的目的；不仅有效延伸了产品的可用性，还促成了苹果产品安全良性的生态价值链的形成。

图2-6-11　iTunes Store图标

图2-6-12　App Store图标

总之，不管一个企业的规模有多大，如果没有持续创新的产品和技术以及迎合消费者的营销理念、产业战略联盟等创新的商业模式，不可能获得高额的利润和持续领先的市场地位。苹果公司通过产品的系统设计思维，打造了产品的家族化特征，保持了产品的风格设计的一致性和延续性，从而持续获得了广泛的产品认可度和品牌认可度；同时为了保持其产品的生命力，通过技术的创新，其又为用户打造了一条产品生态链条，以保持其从硬件到软件的系列化需求。我们不得不承认苹果公司被誉为国际上创新最成功的企业之一当之无愧。

思考与练习

1. 列举一个产品的例子，分析这个产品的生命周期系统。
2. 通过市场调研，分别举例论证产品的系统化特征。
3. 列举一个具体产品来说明它的内部系统与外部系统。

第3章　产品系统的组成

3.1 产品系统要素概述

基于产品系统开发、产品生命周期系统、产品使用环境系统等综合体系考虑，产品系统的组成要素可分为内部要素和外部要素。

内部要素主要是狭义上的，仅仅是针对所要开发产品可视范围内的系统范畴，即所要开发产品必需的、不可或缺的系统要素，包括围绕开发产品最紧密的要素及其内部的子要素，即功能要素、结构要素、色彩要素、人因要素、形态要素和材料要素。外部要素是指广义上的，考虑与社会、经济、技术、文化等要素之间的相互关系及影响。

简而言之，一件产品可以看作是一个要素，也可以是一个系统。我们将设计问题化约为外部因素（人、时、地、事）与内部因素（技术、材料、工艺）等共同作用下的一个“关联性”系统，但在不同内因、外因作用下产生了不同的系统。因此，设计科学可以转化为“对目标系统的确定”与“重组解决问题的办法”这样两个侧面，可进一步化约为“目的—手段”（图3-1-1）。

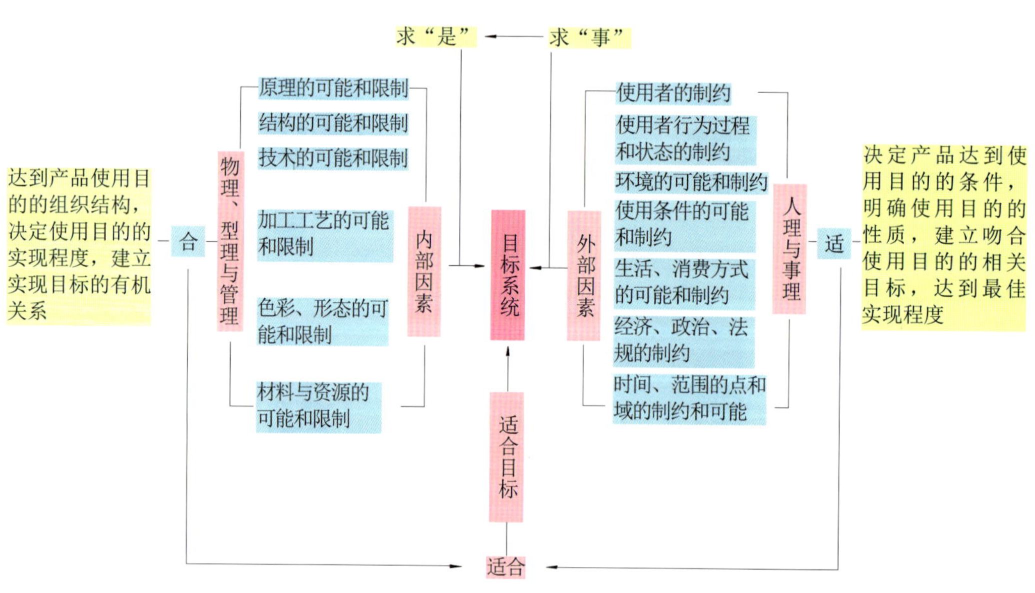

图3-1-1　目标系统的确定过程

3.2 产品系统的内部要素

3.2.1 功能要素

功能定义就是运用简洁、易懂的语句来说明所研究对象的整体及其组成部分的功能，以此来限定每个功能的内容，明确其本质，即回答“这是什么”和“它是干什么用的”。

产品的功能是工业产品与使用者之间最基本的一种相互关系，是产品得以存在的价值基础。每一件产品都有不同的功能，人们在使用任何产品中获得需求的满足，就是产品功能的实现。产品功能依据不同的标准可以作不同角度的分类。

按产品功能的性质可分为物质功能和精神功能两方面。运用功能的观念，可以使产品对人类的意义更加积极和显著。对于不同产品，这些功能所表现的优先次序和重要程度不尽相同。设计师在产品设计的实际过程中需要通过深入的调查分析，真正了解并掌握各层次消费者的不同心理倾向和他们的社会价值观念，恰当运用设计语言以实现应有的功能特征。

具体实现功能目标的设计过程就是功能设计。在功能设计上至少要面临两方面问题：第一是结构原理，第二是构成形式，即所谓的内在功能与外在形式的问题。

在功能上，The Chair的椅背曲度提供了背部良好的支撑力，两侧延伸至最前端的扶手增加了椅子的包覆性，也提升了稳定度。 外形上拥有流畅优美的线条、精致的细部处理和高雅质朴的造型。这种椅子迄今仍颇受青睐，成为世界上被模仿得最多的设计作品之一（图3–2–1）。

KU DIR KA摇椅是由立陶宛新兴设计工作室Contraforma的Paulius Vitkauskas于2006年设计的。这把摇椅的特别之处在于，设计突破传统意识，大胆使用若干条椅腿诠释摇椅“摇”的本质，并且这些椅腿的精心排列形成一条连贯而优雅的弧线。这把椅子的成功设计视觉化地再现了摇摆的特征和功能（图3–2–2）。

巧克力铅笔（chocolate–pencils）的设计者为日本的 Nendo，指的是铅笔形式的巧克力，是Nendo和一家点心店合作的餐具设计。不同深度的颜色巧克力棒做成铅笔形状，并且配备了一个卷笔刀，和削铅笔一样把刨屑撒在点心上，就如日本的点心一样，很有触动、很细微的感觉，给人更多的是一种精神功能的满足和经历过程的享受（图3–2–3）。

Asimov's First Law（阿西莫夫第一定律）是Alice Wang的新作，一个探讨“人和机器”的设计——一个小小的人体秤。站在这个磅秤上时看不到自己的体重，需要另一个人的协助才能得知自己的体重，对方则得衡量该不该说实话。产品的功能性被娱乐性所取代（图3–2–4）。

图3–2–1　The Chair　Hans Wegner

图3–2–2　KU DIR KA摇椅　Paulius Vitkauskas

图3–2–3　巧克力铅笔　Nendo

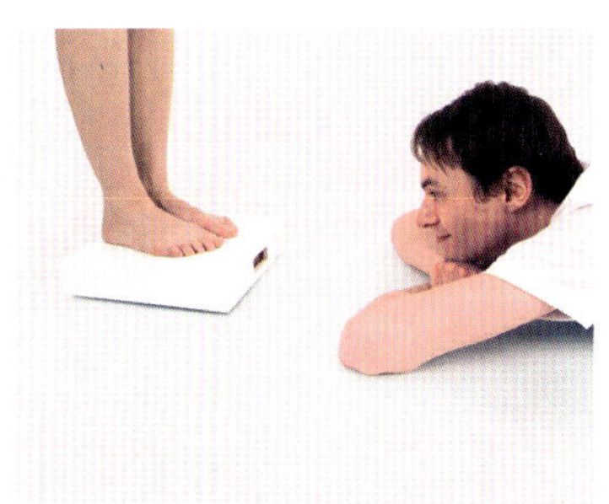

图3–2–4　“阿西莫夫第一定律”人体秤设计　Alice Wang

3.2.2 结构要素

产品结构是产品内部各要素所占比重和关系之和的具体体现。由于产品是由若干零部件以某种方式组合连接而成的，那么从产品设计的角度，可以将结构解释为构成产品的零部件形式及零部件间组合连接的方式。

结构设计在这款工作台设计中占了主导。这款工作台完全折叠之后仅有7英寸厚，十分适合如今已然寸土寸金的小户型家居环境（图3-2-5）。

产品系统设计不仅仅包括效果图制作，还包括产品的实现设计和生产制作。简单来说，实现设计就是通过产品的内在结构设计来实现产品的基本功能。

传统意义上的ID，即工业设计工程师，负责调研、草图设计、效果图制作和3D建模。传统意义的MD，即结构设计工程师，负责产品的内在结构设计、工艺实现以及后期的生产制造工艺实现。在设计越来越精细化的时代，职责分工越来越清晰，陆续还增加了需求工程师、工艺工程师、可生产性工程师等。

产品在进入结构设计前，要进行精确建模。区别于效果图时期的建模（追求造型、色彩、材质效果等），这个阶段的建模更注重数据的精确性。一般建模过程中，MD会进行评估：评估3D尺寸是否可以满足结构的基本设计要求；评估是否可以满足产品后期测试要求；评估现有企业的工艺水平是否能够达到3D设计要求；评估小的结构调整是否可以在维持原有外形效果不变的情况下降低生产和制造成本。所以说，精确建模是把产品效果图向工业产品生产转换的第一步。

结构设计是漂亮的外观和功能模块有机结合的中间体。首先要保证能够把功能模块有效地固定在拥有漂亮外观的实体中。通过挖空实体形成产品的胚胎，即结构件；通过在结构件中增加定位机构、固定机构等，将功能模块（如电子产品的电路板）牢固并精确地固定在结构件中。其次，考虑产品的测试标准，是否满足国家标准、行业标准、企业标准。最后，则是考虑产品的可用性设计，同时，整个结构设计过程都要考虑产品制造工艺的可实现性，设计是否合理，是否可以通过模具来实现产品的批量生产，是否会影响模具的制造成本和使用寿命等；考虑在生产过程中的装配良品率等问题；还要考虑生产出来的产品后期的测试问题以及售后、维修、成本等问题。

图3-2-6中这款产品结构非常简单，一体成型，没有多余的复杂结构。只是把平常的平面结构变成了圆弧形，就解决了一个平时生活中常常遇到的问题。

图3-2-5　工作台 Knot Design

图3-2-6　不会倒的扫把和簸箕（Salih Berk Ilhan 设计获得2013 A’design awards科学、医疗器材设计奖）

由中国台湾点石创意公司设计的“剔透杯”（Illusion Glass），底部设计了小茶杯形状的隆起结构，正着放用来喝冷饮，倒着放变成喝茶小茶杯。小小的结构设计让人们多了一种使用方式（图3–2–7）。

图3–2–8中的这只白色陶瓷杯具有独特的鳍状结构设计，即便杯中装着温度高达100℃的饮料，杯子外部的温度也只有50℃，绝对不烫手，让你可以捧着一杯暖和的咖啡或者巧克力饮料享受那份香甜。这款马克杯是由伦敦设计师Stephen（斯蒂芬）设计的。

斯坦桌是意大利设计师Luis Arrivillaga的新作品。设计采用玻璃和喷塑钢管组成。有趣的是如此简单的设计却通过一种巧妙的结构完成，形成强烈的视觉冲击，两个矩形线框相交而形成的基础框架托起上面的玻璃板台，达到一种平衡（图3–2–9）。

图3–2–7　“剔透杯”（Illusion Glass）　中国台湾点石创意公司　　图3–2–8　马克杯　Stephen　　图3–2–9　斯坦桌　Luis Arrivillaga

3.2.3 形态要素

形态是指事物在一定条件下的表现形式，有时候也被称为程式，指一种结构性要素，体现着对形态流行的重要观念的关注。

产品的形态要素是产品与用户情感沟通的纽带，是对产品立体和平面的几何形状设计。产品的形态设计要符合人们对美的需求，要按照美学法则及产品的功能逐步建立起具体的产品视觉化形象。

如果说产品是功能的载体，形态则是产品与功能的中介。没有形态的作用，产品的功能就无法实现。不仅如此，形态还具有表意的作用。通过形态可以传达各种信息，如产品的属性、产品的功能等。现在已经有各种理论研究形态对于产品的意义，其中较为典型的理论方法就是产品语意学。产品语意学就是通过由符号造型、抽象图形和一些与表达产品意义相关的元素的排列、综合等构成方式来解释产品的意义。使用者通过了解产品的意义，从而正确、有效地使用产品。

产品形态不仅涉及“事”和“物”的层面意义，而且还包括精神、文化层面的意义。在工业设计发展过程中，“形态”始终是中心话题。不断变化的时代背景也会给形态带来很大影响，人们以不同的目的，从各种不同的角度去思考形态的表现问题。

（1）形态的表现风格

功能主义（现代主义）：20世纪20年代，现代设计领域的一个重要派别——现代主义设计最终形成。现代主义是主张设计要适应现代大工业生产和生活需要，以讲求设计功能、技术和经济效益为特征的学派。其最为重要的理念便是功能主义。功能主义就是要在设计中注重产品的功能性与实用性，即任何设计都必须保障产品功能及其用途的充分体现，其次才是产品的审美感觉。简而言之，功能主义就是功能至上。

新现代主义（结构与解构）：20世纪50年代，以斯堪的纳维亚设计为代表的“有机现代主义”流行一时，进入60年代后，在一些国家和地区出现了一种复兴二三十年代的现代主义——追求集合形式构图和机器风格的所谓“新现代主义（Neo–Modernism）”。新现代主义的出现受到流行的波普艺术（POP艺术）的影响。新现代主义的设计风格与包豪斯有相似之处，它在家居设计中喜欢采用镀铬钢管，在形态上强调机械化和几何化。

高技派（高新技术、智能化，概念产品）：高技派（High–Tech）亦称“重技派”。突出当代工业技术成就，并在建筑形体和室内环境设计中加以炫耀，崇尚“机械美”，在室内暴露梁板、网架等结构构件以及风管、线缆等各种设备和管道，强调工艺技术与时代感。高技派典型的实例为法国巴黎蓬皮杜国家艺术与文化中心、中国香港的中国银行建筑等。高技派反对传统的审美观念，强调设计作为信息的媒介和设计的交际功能，在建筑设计、室内设计中坚持采用新技术，在美学上极力鼓吹表现新技术的做法，包括第二次世界大战后“现代主义建筑”在设计方法中所有“重理”的方面，讲求技术精美和“粗野主义”倾向。

有机现代主义（机体主义和生态主义）：有机现代主义是第二次世界大战后到20世纪60年代，流行于斯堪的纳维亚国家、美国和意大利等国的一种现代设计风格，它是对现代主义的继承和发展。这种风格在造型上常常体现出“有机”的自由形态，而不是刻板、冰冷的几何形，无论是在生理还是心理上给使用者以舒适的感受，与此同时，这些有机造型的设计往往又适合于大规模生产。这标志着现代主义的发展已突破了正统的包豪斯风格而开始走向“软化”。这种“软化”趋势是与斯堪的纳维亚设计联系在一起的，被称为“有机现代主义”。

（2）新的形态表现

随着技术进步、经济发展，产品市场越来越成熟，竞争的焦点自然就落在形态的变化上。物质丰富的消费时代，个性化需求凸显，也形成了形态表现的新空间和面临的新挑战。而应对挑战的手段就是放弃功能主义所惯有的几何构成手法，代之以具象的、比喻的、隐喻的、主观的表现方法。因此，各式各样的形态表现方式都浮出水面，从功能性的表现转向语意性的表现、从客观到主观、从技术到理论、从理性到感性、从世界性到地域性的形态表现倾向已成为不可回避的潮流。

① 联想的形态。

设计师在进行产品形态构想时，为了加强形态的说服力和感染力，而采用了某些自然物或人造物的形态特征，使所创造的形态产生联想作用。

菲利普·斯塔克和米洛斯·纪穆拉为 ATEH 设计的“Flower”LED 灯，像一根正在发芽的小苗，充满了生机勃勃的绿意（图3–2–10）。

② 引用的形态。

产品各部分形态的处理完全是引用过去产品的元素。这类产品的内部结构与一般的产品并无差别，而其别具一格的外壳往往成为新的卖点。那些寻求历史文脉、将过去的形态重新组合的所谓怀旧感的产品在现实生活中并不少见，从多元化产品的状态来看，这不失为一种有利的方法（图3–2–11）。

③ 象征的形态。

象征的形态所表现出来的特征，从某些方面看，与联想的表现手法有不少相近之处。形态的象征性语意作用，即为形态的联想效果和隐喻的表现。所谓象征性的表现，就是基于某个具体形态上进行类比暗示以及联想。

祈祷灯（图3-2-12）曾获得巴黎的国际设计大奖。迪玛的新概念从日常生活入手，以基督教的象征物十字架为设计元素。祈祷灯运用了LED技术，让神圣的冷光在祈祷时象征神的指引。

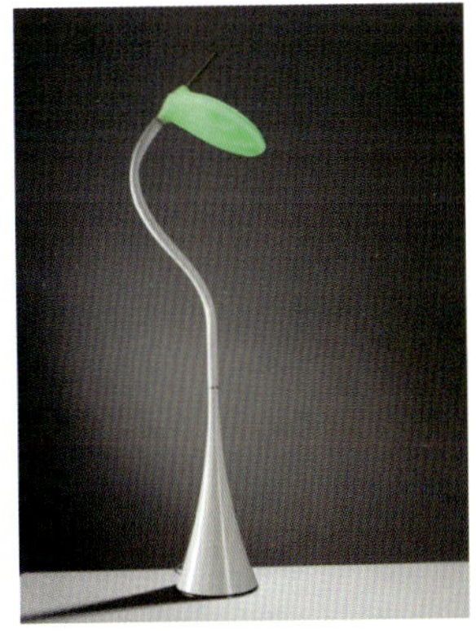

图3-2-10　“Flower”LED 灯

图3-2-11　巴黎铁塔灯　Margo Renisio

图3-2-12　祈祷灯　Dima Loginoff

披着披风的椅子仿佛穿着皇帝的新装，名字却叫作“裸体椅子”，有一种黑色幽默的意味（图3-2-13）。

④ 触感的形态。

触感的形态回避了现代主义设计所特有的由直线和平面构成的单纯的几何学形态，而惯以曲面形态进行变化。在近几年的产品设计中，流体力学的外形设计日益流行。电子产品、户外产品、汽车等都以复杂的曲面构成，这已成为当今的时尚。

变无机形态为有机形态，在形的某个部分体现人体的一部分或者触摸的痕迹，就是近来出现的一种形态表现形式。

以“有机形态设计”出名的设计师Ross Lovegrove联合家具品牌Vondom，完成了一件极富视觉冲击力的作品——“Biophilia”。其诡异的形态和狂野的曲线，仿佛能够跟随灵魂自由生长。Ross Lovegrove试图通过“Biophilia”的设计探索出一种全新的设计语言，以求在时间、形式和空间三种元素间建立对话；采用先进的塑模技术进行生产制作，其纤细、尖塔一般的椅背设计受到了建筑大师Antonio Gaudi“圣家族大教堂”的有机概念的影响，突破了材料结构与形式之间的界限（图3-2-14）。

“enignum”和“erosion”系列是爱尔兰设计师Joseph Walsh的最新作品。这两组作品将艺术和手工艺结合，每件作品的形态都是用现成的原木雕琢加工而成。设计师将木材粗糙的外皮剥离，并将它们调整成可以使用的家具。自由的形态组合来自于木材本身的特质（图3-2-15）。

图3-2-13　裸体椅子　Margo Renisio

图3-2-14　“Biophilia”椅子　Ross Lovegrove

有机形态的珊瑚LED灯，是由日本的Qisdesign工作室为中国台湾海洋生物博物馆设计的。材料全部采用铝合金和聚碳酸酯，包括465毫米高的银色台灯以及1618毫米高的落地灯。设计对珊瑚这个元素进行了抽象提取，落地灯有三个花瓣，可随意调节，台灯也可以调节灯光的角度，以满足每个人的需求（图3-2-16）。

图3-2-15　椅子　Joseph Walsh

图3-2-16　珊瑚LED灯　Qisdesign工作室

如图3-2-17所示都是澳大利亚设计师马克·纽森（Marc Newson）的作品，他是世界上最多产、跨度最大、最有影响力的设计师，马克·纽森的名字已经成为新的时尚符号。他的作品都以大面积的弧形线条表达视觉的无限延伸，强调鲜艳的色彩和富有想象力的造型，以流动线条塑造纽森的个人风格（图3-2-17）。

英国设计师罗斯·拉古鲁夫（Ross Lovegrove）以自然主义和未来主义设计风格而闻名。他善于将新颖的材质和电脑高科技结合，从大自然中汲取灵感，在形态、材质和技术上达到平衡，创造出具有未来科技风格的产品，他称之为“有机本质（organic essentialism）”概念。其次，他的设计作品的廓形都具有舒适的流线风格，有机而性感，有意无意间流露出自然之美（图3-2-18）。

图3-2-17　椅子设计　马克·纽森

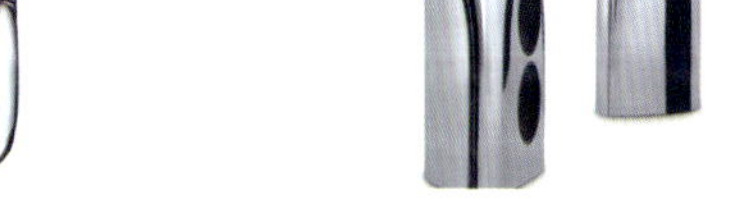

图3-2-18　矿泉水瓶和音箱设计　罗斯·拉古鲁夫

⑤ 新古典主义形态。

新古典主义风格从简单到繁杂、从整体到局部，精雕细琢，镶花刻金都给人一丝不苟的印象。其一方面保留了材质、色彩的大致风格，可以很强烈地感受传统的历史痕迹与浑厚的文化底蕴，同时又摒弃了过于复杂的肌理和装饰，简化了线条。新古典主义风格，更像是一种多元化的思考方式，将怀古的浪漫情怀与现代人对生活的需求相结合，兼具华贵典雅与时尚现代，反映出后工业时代个性化的美学观点和文化品位（图3-2-19）。

⑥ 无根源的形态。

无根源的形态只是出于功能的需要，以最基本的几何形体进行产品包装，并不像前面所列举的形态那样源于超乎基本使用功能之上的主张。在表面上印一些指示说明文字和图形，甚至比形态更重要。

如图3-2-20所示，这几个作品都是基于功能主义出发的无根源形态的代表，外形简单，没有多余的说明。

如图3-2-21所示，这款台灯是由荷兰设计师Aldo van den Nieuwelaar设计的，它标志性的圆形和方形设计是功能主义的完美体现。如今，改进后的 Cirkellamp台灯重新面世，它舍弃了原来简单的开关，而换成一款调光器，以发出更多变的光线。

图3-2-19　新古典主义产品设计

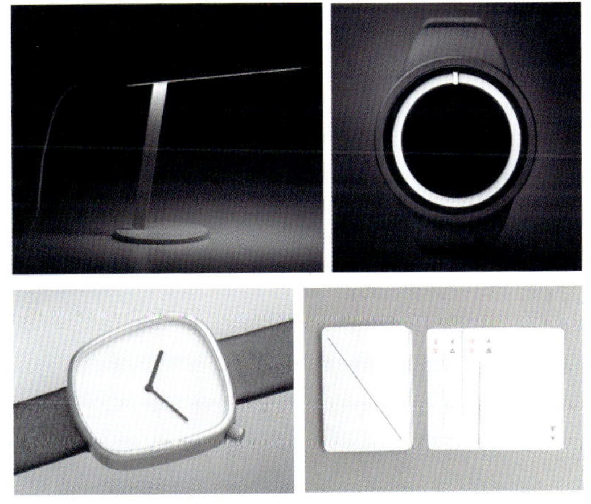

图3-2-20　无根源的形态产品

图3-2-21　Cirkellamp 台灯　Aldo van den Nieuwelaar

3.2.4 色彩要素

简单来说，色彩是由物体发射、反射的光通过视觉产生印象的颜色集合。在视觉语言中，色彩是最具表现力的元素之一。

一般情况下，产品色彩要与产品的外观造型相符合，使产品的外观更加统一。随着同质化时代的到来，色彩的重要性也日益显现。为了强化市场营销的动力，满足用户的感性需求，在进行产品设计时，可运用色彩的特质来加大与其他同类产品之间的不同，创造多样化、个性化和差异化，避免与竞争产品之间的同质化，以此来增加其在未来市场上制胜的砝码。

色彩是最富情感的表达要素，设计中的色彩是功能和情感的融合表达，在功能的表现上具有一定的共同认知个性。色彩在产品系统中非常直观，是形成产品主体风格的重要元素之一。在具体表达中，一是要以主色调的色彩形成具有物品综合特性的品质感，二是在产品色彩属性规律的基础上开创出新的时尚感，三是运用色彩构成原理创造出最佳舒适状态的操作控制平台，四是运用色彩组合搭配原理巧妙处理部件构成关系。

产品设计中的色彩构成原理主要反映在三个方面：一是产品功能属性与色彩属性的吻合表现，如工业机械以稳定的蓝白色表现；二是人的认知可能和色彩原理的吻合表现，如仪表刻度指示以低彩度的高明度反差色表现；三是社会情感因素和色彩表情的吻合表现，如微型车的都市活力以欢快色彩表现。色彩的千变万化中以色相、明度、纯度调节配合比例，最终目的是创造出人类生活和工作最佳舒适状态的操作控制平台。色彩搭配比例如何达到稳定、易识别、展现活力等理想状态，应在社会现实背景下多重设定配合比例，从中遴选出最佳方案。色彩元素的最大表现力在这方面能尽显异彩。

运用色彩组合搭配原理处理部件构成，是从外观形态上把产品形象处理成有机关联的整体。运用色彩的块面分割，可以将厚重的产品变得轻巧；运用色块连接线的变化，可以使僵硬的产品体量变得柔韧；运用色彩纯度的变化，可以突出控制部件的功能引导；运用色块的分割组合，可以烘托出产品感官的整体感染力。巧妙运用色彩，能把产品部件的每个局部处理得更加完美。

这款名为Pokko的小设备是一个小巧且易移动的台灯，可以为室内空间提供足够的照明。灯杆固定在一个圆板表面上，在灯杆上面悬浮地安装着一个薄薄的半空心的柔光罩。最后这些组件都会涂上一层金属涂料，有森林色、白色、紫红色、黑色、卡其色、黄色和薄荷色（图3-2-22）。

法国女性建筑师Odile Decq为罗马当代艺术馆MACRO做了室内设计。有着大大落地窗的咖啡厅和罗马当代艺术馆报告厅等内部都采用了亮红色，让人感觉到艺术馆时尚亮丽和艺术的生机勃勃，顶楼的玻璃顶棚光线充足，小空间的红色会议厅就像整栋博物馆的心脏。2013年巴黎家具家饰展也因此将“年度设计师”大奖颁给了她（图3-2-23）。

图3-2-22　北欧风Pokko台灯　A+A cooren巴黎设计工作室

图3-2-23　罗马当代艺术馆色彩设计　Odile Decq

3.2.5 材质要素

材质是产品设计的载体，是产品造型的基础与根本。产品造型的塑造都要以材质为基础。一个优秀合格的产品造型设计不是单一的产品形态上的设计，同样要考虑材料的选择是否能满足产品的功能。材料是工业设计造型的物质基础，是不依赖于人的意识而客观存在的用以构成产品造型的物质。对于产品内部表现来讲，材料决定了机构形式，在设计中要根据不同的强度要求选择不同的材料，在材料形成部件构成后要追求最优化。

材质在设计师的眼中是可以充满感情的，由于材质本身所具有的特性，可以通过人工处理令其表面质感更为张扬，使光滑的材质有流畅之美，粗糙的材质有古朴之貌，柔软的材质有肌肤之感……这种联想足以引发优秀的设计作品诞生。

不同材质的物理属性所构成的审美特性，从色泽、肌理、质地等视觉或触觉的语言中显示出材质的独特个性和内涵，不同材料的运用呈现出多元化的追求，其给设计师提供了广阔的创作空间，从而使设计作品呈现出丰富的审美面貌。设计时应根据具体商品的特定要求，对类型化的样式进行合理的和目的性的巧妙设计，运用材料语言来表达商品的特性及包装的美感。

在材料技术不断进步的今天，我们有机会使当代的新产品和新材料应用于设计中。应更多地关注材质的自然美，挖掘材质的表现力，将材质物化在包装设计中，开发出材质的审美特性，最终传达出设计师的思想。而新材料与新产品是在这种相互作用的关系中发展的。设计师通过设计理念给材料的发展指出方向，而新材料的发现又给设计提供了更大的空间。任何一项设计的完成，都是设计师的主观想法在现有材料的大环境的支撑下完成的，甚至有时想法本身也是出于材料的。所以，对材料的研究有时比设计方案本身更重要。

Seasons是功能性厨房用品与餐具的完美诠释，其灵感来源于大自然与科技，是日本文化的缩影。如同一片真正的树叶，每一个餐盘都具备灵活性，而且属多用途设计。拜硅胶科技所赐，收藏时可以把这些硅胶餐盘卷起来。此产品也非常适用于烤箱与微波炉，同时洗碗机反复清洗也不易毁损。每一片叶子都有独特的形状，张开时可以堆起来，能创造一件独特的餐具雕塑品（图3-2-24）。

这把摇椅是Patrick Messier为他的妻子兼合作伙伴设计的，像是一个飘在空中的丝带，由一片纤维玻璃做成，曲线服从斐波那契数列分布，经过特殊的高光聚氨酯处理。这把摇椅既满足了美观的要求，又满足了舒适的标准（图3-2-25）。

如图3-2-26所示，德国设计师Patrick Frey设计了这一系列椅子和长凳，把它们命名为NOOK，每个单品都是由一张塑料折叠而成的。

图3-2-24　“四季”餐盘　Nao Tamura

图3-2-25　妈妈摇椅　Patrick Messier

图3-2-26　NOOK折叠椅　Patrick Frey

3.2.6 人因要素

在产品与人的作用关系中，人对产品的认知、感受、领悟是通过产品传递出来的各种视觉、触觉、操作信息逐渐达到的，这就是人—机（产品）关系的实现过程。每一个实现点上的现象也就反映为人机个性特征。产品内部所有的功能部件都必须外延到表面，形成直观可以辨别的结构如电动工具的握取、开启、电源开关、可调部件的结构排列和适当指示，从直观外形上表达出接触控制的人机联系；通过线性和符号，强调产品的操作可试性、可用性和舒适性。

人—机关系是产品设计的核心，产品为什么构成、状态如何、价值表现如何，都是围绕人—机关系做出的具体评价，设计表现也自然回归到这些基本点上。应通过符号特征引导操作，创造良好的视觉认知效果和操作引导效果；根据人的肢体尺度和形体特征，创造舒适的接触面；基于人的肌体静止和运动尺度，创造舒适的使用与运动空间；基于人的行为次序设计产品操作控制系统。

人—机关系为产品的形态设计提供参照尺度。一般情况下，产品的形态只有在满足功能的前提下才能自由发挥，合理的形态与功能的统一必须是合乎一定规律的。在设计中，这一规律是由人—机关系确定的。人机工程学提供了符合大多数人的心理、生理乃至审美要求的数据参数，使设计师们在进行形态设计时能行有所依，在不影响功能发挥的情况下适度地演绎外部形态。例如，座椅高度36～48厘米，坐垫宽度37～42厘米，腰靠高度16.5～21厘米，腰靠水平方向长度32～34厘米，腰靠垂直方向长度20～30厘米。

人的成长过程中在几个年龄段身体的尺度会产生比较大的变化。设计师在进行产品设计时，可依据人机工学提供的数据，选择不同年龄段的使用者的数据进行设计。例如，一家美国运动服装生产公司最近展示了一款新型的可伸缩儿童鞋。这种名为“大虫子”的儿童鞋的奥妙就在于鞋跟处的银色按钮，按一下按钮，鞋底就可以伸长，以适应孩子们迅速发育长大的脚。又如日本青芳制作所为特殊需要关爱人群设计的餐具，其手柄处可以按自己需求改变形状，方便抓握，而且手柄形状可反复改变（图3–2–27）。

人—机关系为产品人机界面的操控布置提供依据。这里的产品人机界面是指人与机器信息交互的界面，产品人机界面的操控布置是指产品各个部分之间位置的合理编排，人—机关系为产品人机界面的操控布置提供依据，包括了显示、操控装置设计的各种数据和要求。如对显示的三种类型：模拟式显示（刻度和指针显示）、数字式显示、屏幕式显示的放置位置、字体大小等都有细致的规定。产品的人机界面的合理布局，为使用者的操作带来方便。例如，汽车仪表盘上的仪表通过独立显示的方式来提高信息传递的准确度（图3–2–28）。

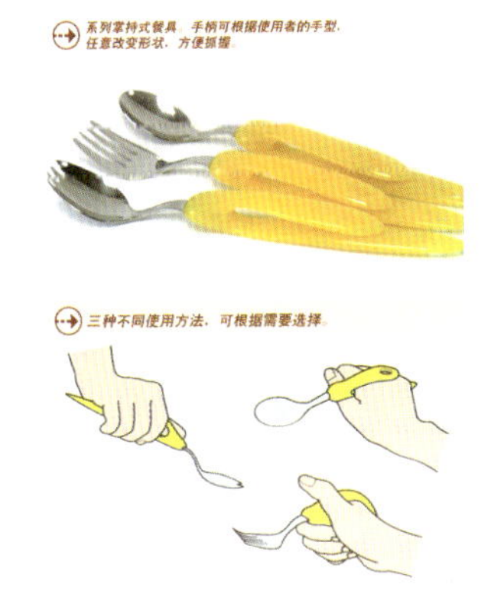

图3–2–27　关爱掌持式餐具　日本青芳制作所

图3–2–28　宝马7系汽车仪表盘设计

人体的局部特征直接影响产品的形态，产品与人体总会有不同程度的接触，为了提高使用的舒适度，很多产品的形态都会以与人体接触部分的特征为形态依据，如根据身体的形态做的自行车座，根据头部形态设计的头盔等（图3-2-29）。

图3-2-29　山地车头盔设计　Scott Robertson

3.3 产品系统的外部要素

3.3.1 社会要素

人类具有自然属性和社会属性，其中社会属性是人类本质的重要组成部分。社会是人类关系的总和，任何一个独立的人都会受到它的巨大影响，人类是无法超越它而孤立存在的。这样一来，社会环境因素给予人们一种特定环境的特定特征，使人们可以表现这个时代的时代精神，同时，人们的思想和思考方式也会因此而受到很大的局限。这种局限是任何个人都不可能避免的，产品设计师也不例外。某个时代、某个地域的设计师对产品设计的见解同样会受这个时代的哲学思想、社会环境、政治因素等的影响。

产品在从设计到使用的整个生命周期中，都要受到政治、经济、文化、科技、宗教等社会因素的影响与制约。这些社会宏观系统的构成因素以强大的社会影响力和渗透力引导着产品设计的方向。社会构成出现任何大的导向和变化，都会给产品设计带来直接或间接的影响。两次世界大战期间的政治、军事较量就使得军用器械与设备获得了极大的重视，人机工程学也因为和战争关系密切而获得了发展。第二次世界大战后特别是“冷战”结束后，大量的军用科技转为民用服务，原来的军工企业也转向民用生产。计算机与网络技术的发展，使得产品又呈现出新的面貌，而民俗、地域环境等因素也对产品构成特性提出了许多特定的要求。产品的设计只有紧扣社会大系统提供的舞台，不断调整自己的设计方向，才能伴随着社会的变化获得更好的发展。如家用轿车的设计就与国家政策法规、居民生活模式、能源、环境、交通、城市发展、社会经济分配等方面有关。

产品设计中的造型、结构、材质、功能组合、操作控制方式的表现，与社会微观因素直接相关。社会微观系统的构成决定着产品设计的构成因素的具体情况，产品的构成取决于各个因素的具体条件和要求。20世纪80年代彩电的造型、功能、加工工艺、控制方式等直接体现着当代社会微观构成的特征，与现代液晶高清、超薄、多向调节安装、环绕音响系统等为特征的彩电相比，显示出两个时代背景下的社会微观系统的差别。因而，产品设计必须时刻捕捉社会微观系统的变化，并及时地体现在具体的设计中，才能使产品具有时代感和生命力。社会系统构成因素的差异，对设计产生了多方面的深远影响。以前由于中国推行计划生育，一般来说一个家庭只有一个孩子，三口之家的家庭和西方有着很大的差异，西方人除非是不要孩子的两人家庭，如果要孩子的话，往往会不止一个。这种差异导致中国家庭使用的电器产品和国外家庭相比，在很多方面有着自己的特点，比如洗衣机和冰箱的容量、汽车的空间大小等都需要结合中国家庭的特点进行设计，这是一个很值得深入研究的问题。产品的设计是基于上述社会宏观和微观系统的构成而展开的，社会的宏观构成确定产品设计的主思路，而社会微观构成形成了产品构成的具体因素，两者在不同的层面上影响和决定着产品设计的方向和形式。

人类社会在20世纪经历着前所未有的变化，这种变化比人类以前在任何一个社会形态下的变化都更深刻、更迅速，人类似乎突然被卷进一个陌生的旋涡之中。20世纪是物质文明高度发达的时代，也是精神文明逐渐不知去向的时代。整个社会变得更加复杂化、庸俗化、商业化。

3.3.2 经济要素

生产者力求以最小的材料、能源和劳动消耗，创造出某种产品，获取最大的经济效果。消费者又力求以最小的代价换取这种产品，来满足自己的需要。这就决定了产品艺术设计生产必须以最小的消耗实现消费者所需要的功能。现代企业在产品艺术设计和生产管理上实行的价值工程，就是通过功能分析和不断创新，去掉产品系统中的多余功能和费用，用最低的寿命周期费用，实现消费者所需要的必要功能的一种可靠方法。

各种经济因素在产品动态系统的不同过程中表现为不同的形式，具有不同的作用。在产品艺术设计构思的过程中，要考虑到研发过程中的研发费用；考虑到生产过程中各种原材料、能源和劳动消耗以及生产设备的折旧费；考虑到流通过程中产品的宣传、展示、出厂价格和市场供求关系以及售后服务的经济要求；考虑到消费过程中产品的使用寿命、维修费用、能源消耗等。这些因素决定了这种产品的生产对生产者和消费者是否双赢，所以，未尝不可以说它们也是产品的某种功能。

经济因素是标志生产产品所投入的材料、劳力、设备费用与其产品功能之间关系的抽象价值形式。它们不可能直接影响产品的造型，只有通过施加于某些材料的技术手段，才能导致产品结构和功能的变化。在产品的计划和研制过程中，经济因素是一种潜在的改进技术的要求，许多有关经济效益的问题最后都要作为技术问题来解决。从货车类型的演变来看，今天的货车之所以多采用平头式，显然具有明显的经济目的，因为这种车型可以缩短轴距和车身总长，减轻车的自重，大大提高有限面积的利用系数。可见产品的生产只有通过改进技术才能实现降低成本、提高功能的目的，从而引起产品结构和外观形式的改变。

随着经济的增长，消费者的支付能力有所提高，他们对消费品的选择范围也日益扩大，不只着眼于经济耐用，更要看其外观质量是否适应自己特殊的心理需求。这两种因素都增大了产品形式的自由度。形式的自由度，指的是在设计中，由于受技术、文化和经济等条件的制约，在达到必要的功能的同时，设计师在外观样式上能自由考虑的最大的范围。比如说，设计一辆汽车和设计一件服装，汽车不能随便看着怎么好看就怎么弄，但服装可以，形式自由度比较高。所以，现代工业为适应这种新形势的发展，在大批量生产的同时，对某些生活用品又尝试进行多品种、小批量的生产；在要求产品内部结构和部件标准化、通用化的同时，又要求产品外观形式上的个性化、多样化。正是由于这种形式自由度的存在，才使得一种产品形式在一定消费者群中出现周期性流行的“时尚”现象成为可能。

3.3.3 技术要素

随着科学技术的发展和大工业化时代的到来，人类原本简单的日常生活发生了翻天覆地的变化。这些变化给人们的生活带来福音，但却也有着“负作用”。比如，现代医学不断从“死神”手里挽救人类生命，一些简单疾病不再像以前一样折磨着人类生活，同时，抗生素及其他一些医学药品的滥用又给人类带来更多的健康隐患。此外，由于计算机、飞机、电灯、电视等一些和人们生活相关的物品的出现，日常生活变得更便捷、更快速。新兴的产品应接不暇，这大大刺激着人们的消费，使这个社会越来越商业化，金钱变成人们追逐的重要对象。人类社会在物质极大丰富的同时，也面临着史无前例的精神危机。

技术是人类在改造世界过程中采用的手段和方法，是人的因素与物化因素的统一。创新设计技术是针对新的或预测的需求，从已知的、经过实践检验可行的理论和技术出发，充分运用创造性思维，构思并设计出过去所没有的全新事物的技术过程，这也是工业设计最核心的部分。科学技术是推动设计的最终动力，技术的发展为产品的形态设计及其实施提供了广阔的活动空间。技术手段的发展，提高了设计的可操作性，使原来只能想到或能够设计出来却加工不出来的形态得以实现。

从互联到物联，ipv4到ipv6，云计算，这些新技术新概念的提出，是设计的推动，也推动着设计。在现代科技飞速发展的今天，技术美成为产品审美功能的重要组成部分，人们以享受最新的科技产品为时尚，因此产品形态要体现时代感和科技感。以信息技术为代表的计算机及相关信息技术的发展，使产品形态设计的表现空间发生了变化，改变了产品形态设计的技术手段、程序和方法，使产品形态呈现出多功能化、复合化、短小轻薄化、智能化、知识化、精神化的趋向，同时，技术的创新还促进了功能的改进以及产品结构、工艺、材料等的变化，从而使产品形态发生根本的改变，为产品形态的发展带来崭新的意义。

随着现代科技的发展，3D打印技术不断成熟，给产品设计的理念、形式以及标准都带来了革命性的影响。3D打印技术改变了原来传统的机械制造手段，为设计者直接实现设计概念提供了十分便捷的途径。通过3D打印，只要你能想得到，就能设计和打印，大大简化了设计流程。设计师的理念与标准从传统的小心翼翼、顾客至上、接受技术要求限制转变为大胆创新、追求人性化、超越技术要求限制。设计师的设计活动更加自由、高效，3D打印在设计界掀起了一场轰轰烈烈的独立运动。

3D打印将不再是专业的产品设计师制作模型的工具，而变成了大众都可以使用甚至拥有的桌面制造工具，产品设计的模式发生了巨大的变化。随着技术的进步，3D打印技术会变得更加容易甚至不需要建模也能进行制造，设计便不再是一小群人的专利，每个有想法的人都能成为设计师。独立设计师、民间设计师将像工业革命之前手工艺作坊里的工匠一样遍及世界的各个角落。产品设计会随着3D打印技术的发展同步更新，产品设计随之向精细、高效的方向发展，诠释产品的个性化和高品质的设计理念。

如图3-3-1所示，Bloom台灯采用粉末焙烧工艺，受到One_Shot.MGX品牌和自然界花朵的启发，这盏台灯的灯罩被设计为收缩和扩张的形状以抑制或释放光线。灯罩是3D整体打印的，包括铰链的运动——将灯罩从花蕾转变为盛开的花朵。鉴于其设计的复杂性，这款台灯进一步成功地拓展了三维技术的领域。

图3-3-1　Bloom台灯　Patrick Jouin

3.3.4 文化要素

设计的文化因素，是指设计在文化的影响下体现出的文化特征。

20世纪中后期，敏感的设计师们对于“现代主义设计”的单调、冷漠，产生了很反感的情绪，深深感到不满与困惑。他们重新关注传统文化，关注自然，试图找回产品的人性和温暖，他们为设计增添了趣味和隐喻。这显然是文化因子的强烈作用，无论什么年代，人们的情感世界总是要求“设计必须吻合文化的需求”。优秀永恒的设计，不仅需要有良好的机能，而且必须有效地反映人类的信念、知识、精神和对特定文化的渴求等欲望。通过对优秀文化传统的确认，汲取传统文化的源头，以形成具有历史持续性和地域性特征的设计文化在现代设计中有着深远的意义。对此，法国著名符号学家皮埃尔・杰罗所曾说："在很多情况下，人们并不买具体的物品，而是在寻求潮流、青春和成功的象征，例如，流线型风格，用象征性的表现手法赞颂了速度和工业时代精神，给20世纪30年代大萧条中的人民带来了希望和解脱。"

意大利著名设计师皮亚诺设计的努美阿文化中心很好地汲取了当地的传统文化。该文化中心位于大洋洲岛国新克里多尼亚首都努美阿，文化中心依山傍海，与一湾宝石蓝的海面遥遥相对，一列奇特的木厦高高凌驾于绿色浓荫之上，迎海风，观碧波，如海市蜃楼一般。木厦共10座，分3组，每组都主次分明，中间高大两边略低。走近细察，木厦皆呈圆形，外围由一列木柱排列而成，正面中间木柱最高，有五六十米高，两边的木柱依次下降，围成一圈（图3-3-2）。

图3-3-2　努美阿文化中心　皮亚诺

皮亚诺的设计方案是在1991年的世界性投标中脱颖而出的。他高人一筹的技艺还在于，将后现代主义的艺术与卡纳克人的文化传统融为一体，既表达了卡纳克人“自然之子”的生活方式，也反映了现代社会的新理念。千百年来，卡纳克人生活在大自然的怀抱里，以野外采集为生，与大自然犹如鱼水关系。因此，其传统文化便不能也不该被囿于一座砖石钢筋混凝土的单体建筑之内。于是，在一片林木葱茏之中，使用不加雕琢的原木来构建类似于原住民的圆形尖顶草屋，更适合卡纳克人的生沽传统，并体现出了卡纳克人崇尚自然的文化底蕴。因此，整座公园成为文化中心不可或缺的一部分。比如，围绕木厦有一条长长的曲径，沿途种植着各种热带植物，涉足其间，人们似乎能寻觅到卡纳克人千百年来与大自然相依为命的历史足迹。在这座神奇的建筑里，森林、棚屋、村落都化为具体抽象的表意语言融入其中，并且传递着一种特别的声音：既尊重特异化的地质景观，又渗透着卡纳克文化与现代文明的完美结合所带来的光彩。

文化是一个民族全部的生存方式，是一个民族生活的全部式样。文化就代表着一个群体和社会共同具备的价值观念和意义体系。它反映人类不同群体（民族、地域）独特的生活方式和精神世界，包括传统文化、地域特点、生活习惯和道德观念。而正是这种历史持续性和地域差异性，才使设计文化体现出绚丽丰富的色彩和耐人寻味的魅力。

设计的文化性，绝对不是元素、样式和风格的简单运用。中国传统建筑中对红色的喜爱，对雕饰纹样细节的刻意追求，无不对应着当时居住者经济和文化上的身份和地位。随着人们生活环境、生存状态和生活样式的改变，设计的文化性要求设计者通过研究人们生活的不同方面，理解人们的价值观念、价值体系，寻求以心灵共鸣为归属基础的设计。通过设计，在人们生活的新旧经验之间通过某种方式，建立联系，帮助人们在这个平面化、视觉化的时代中重新去品味生活原本的厚重。

北京奥运会火炬创意灵感来自“渊源共生，和谐共融”的“祥云”图案。祥云的文化概念在中国具有上千年的时间跨度，是具有代表性的中国文化符号。火炬造型的设计灵感来自中国传统的纸卷轴。源于汉代的漆红色在火炬上的运用使之明显区别于往届奥运会火炬设计，红银对比的色彩产生醒目的视觉效果，有利于各种形式的媒体传播。火炬上下比例均匀分割，祥云图案和立体浮雕式的工艺设计使整个火炬高雅华丽、内涵厚重。

北京奥运会奖牌正面镶嵌着取自中国古代龙纹玉璧造型的玉璧，正面正中的金属图形上镌刻着北京奥运会会徽。奖牌挂钩由中国传统玉双龙蒲纹演变而来。整个奖牌尊贵典雅，中国特色浓郁，既体现了对获胜者的礼赞，也形象诠释了中华民族自古以来以“玉”比“德”的价值观，是中华文明与奥林匹克精神在北京奥运会形象景观工程中的又一次中西合璧（图3-3-3）。

如图3-3-4所示，这是中国台湾品牌Milife将豆腐的造型简化后所设计出来的一套杯盘组，平常不用时将茶杯倒置于托盘上。豆腐杯平时放时像传统食物豆腐，一翻转就成为一组造型极简、线条洗练的现代感茶杯，还附有木托盘。请客奉茶时，犹如端出整盘豆腐，倒茶时，翻转茶杯那一刻所制造的惊奇，时尚的东方气息油然而生。

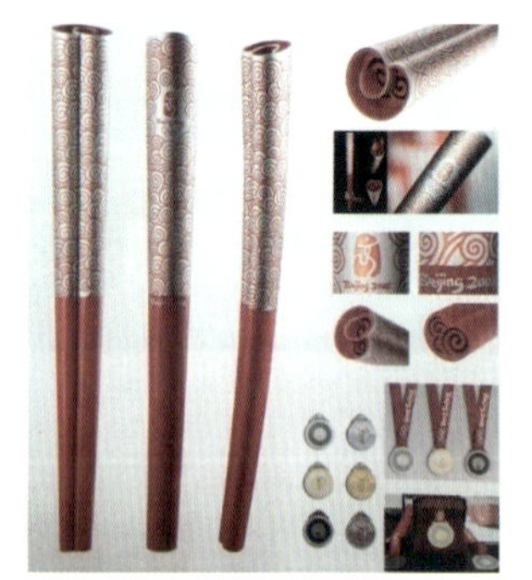

图3-3-3　2008年北京奥运会火炬和奖牌设计

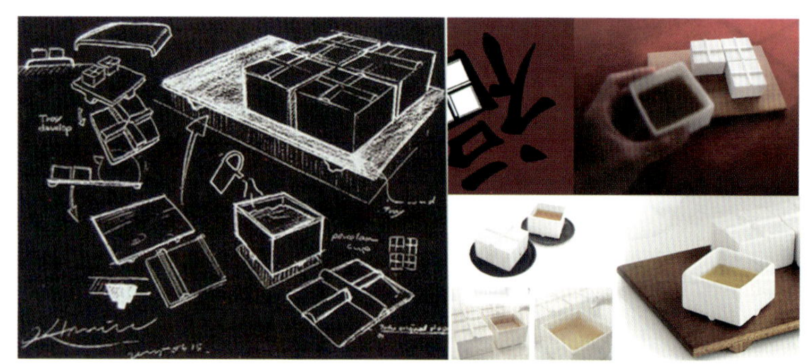

图3-3-4　豆腐杯　中国台湾品牌Milife

如图3-3-5所示，这款餐具以幽默的方式重新演绎了一句中国谚语。有一句谚语形容一个人很有学问就叫“满肚子墨水”，砚台造型的酱油碟让你在每次蘸料的时候，仿佛将食物沾满了墨汁往嘴里送，搭配墨条造型的胡椒罐和盐罐，不知不觉也就越来越“有学问”了。

由德国设计师Michael Schneider设计的“贪杯瓷壶组”茶具（图3-3-6），灵感取自中国清朝时期官员的帽形。从材质和形体上联想了源自东方的神秘茶文化，以丰满壶身表现大清盛世的丰腴，并且搭配四个各异的茶杯。瓷壶可360° 自由旋转圆盖，适合个人喜爱的倒茶角度；壶颈部的绒布除了隔热外，还增加了温暖的触感。

同样，阿莱西设计师乔・凡诺尼和中国台北“故宫博物院”联手推出的ALESSI清宫系列（图3-3-7），也同样弘扬了东方的文化。2007年，中国台北“故宫博物院”在台湾文创产业积极推进的潮流中选择与世界顶级家居用品公司ALESSI合作推出清宫系列玩偶家居小产品，吸引了全球大众的目光。推出后，产品销售量为ALESSI其他商品销售量的三倍以上。这组ALESSI 清宫系列，有胡椒罐、置蛋器、红酒塞、挂饰等。创意源自中国台北"故宫博物院"珍藏的清朝乾隆皇帝年轻时的画像，由此幅典藏作品联想，创造出吉祥物"Mr. Chin—清先生"，系列产品包含Queen Chin、King Chin系列香料研磨罐、Mr. Chin系列蛋杯、计时器及Mr.& Mrs. Chin系列椒盐罐组等趣味横生的生活精品。

这样的合作方式是传统"故宫文化"的现代化延续和创新发展的尝试，"故宫文化"不仅是停留在过去的那些承载过去年代风貌的文物藏品中，而是在传承的基础上能把东方独具魅力的器物美感和文化传播出去，和世界文化进行交流。2008年，中国台湾的"故宫博物院"继续同阿莱西合作推出"Orientales—东方传说"系列家居产品，来延续前面的成功。"故宫博物院"的这些举动，最初吸引了人们的关注和讨论，有的讨论ALESSI设计的趣味卡通类型的家居产品是否符合"故宫文化"或者是中国的传统文化，有的讨论文创产业的发展和"故宫文化"的传承与创新，有褒有贬，形成一股热潮，而文化创意产业和这些融合新思维设计的"文创产品"开始进入人们的生活中并且流行开来。

图3-3-5　墨宴餐具　中国台湾品牌Milife

图3-3-6　"贪杯瓷壶组"茶具　Michael Schneider

图3-3-7　ALESSI 清宫系列　乔・凡诺尼

图3-3-8　泡茶器

如图3-3-8所示是2012年台湾地区第三届国宝衍生商品设计竞赛的金奖作品。设计者将乾隆皇帝把玩的器物转化为现代泡茶器，通过融合的手段，把"老"器物通过设计转化为"新"器物，让"故宫"藏品文化和美学价值真正地融入现代人们的生活当中。

中国著名建筑师张永和将儿时北京生活的回忆带到作品里，将人们熟悉的葫芦从立体剖面到平面，就像从建筑到餐桌上，一只葫芦，化为大大小小的盘碗，与各式餐盘、东西菜肴和睦共处（图3-3-9）。

食盒约始于中国魏晋时期，明朝起称作攒盒。"攒"有拼凑、聚合的意思。人们取"攒"的谐音，称作"全盒"，喻指完完整整、十全十美之意；在喜庆场合、新春佳节时，用于盛载各式干果小食。毕业于意大利

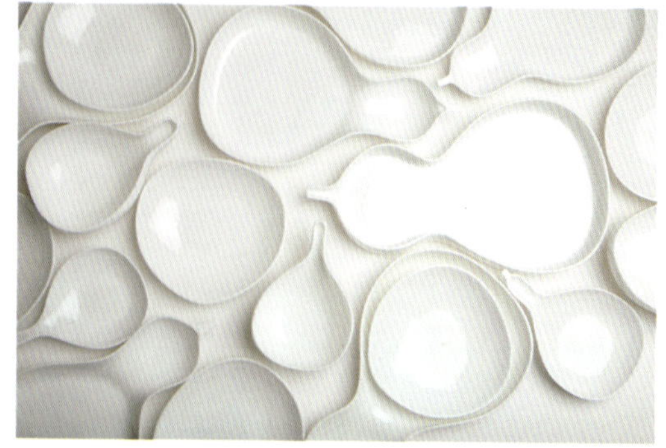

图3-3-9 餐具设计：家当——瓢碗瓢盆 张永和

图3-3-10 食盒设计 钟雅涵

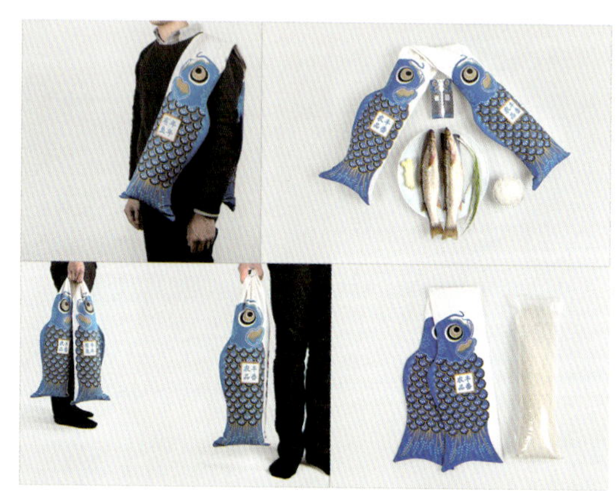

图3-3-11 Fish＆Rice米袋包装

DOMUS设计学院的优秀设计师钟雅涵设计的大小食盒聚在一起，雾亮面组合、多色搭配的当代简洁设计，可堆叠亦可单独使用（图3-3-10）。

民俗文化也能给设计很多启发。丰番农品是一家专注于生产有机农产品并弘扬传统东方农作文化的品牌。环保、文化、简易、方便是关于这款精米包装设计的关键词。“年年有鱼”是中国传统的一句祝福谚语，鱼和“余”在中文里有同样的发音，所以人们会以“年年有鱼”来象征每年的丰收富足的意义。一体式米袋的设计不但结构新颖，亦完美体现了造型美感，而最重要的是这个设计连接两边的重量形成一个自然的把手，满足了包装需要提领的功能需要。整体包装结构力求简洁、精致且易于搬运，以原始的白帆布和传统蜡染技术呼应传统的手作文化。图案上的米粒和麦穗点缀出这款产品的特质，造型上也特别有提鱼而归的丰收喜悦之感（图3-3-11）。

德国的世界顶级户外家具制造商Dedon设计生产的“阴阳太极”户外椅，将中国传统文化中的“阴阳”符号，融入一棕一白的户外座椅。编织材料采用高科技环保的高分子聚合纤维，由德国研发的专利高科技环保纤维材料HULARO取代竹藤材料，可减少户外风雨温度变化对家具的损耗。内部框架采用轻型的合金材料和极少的焊点，保持产品的稳固性造型，并采用菲律宾当地传统的手工艺编织技艺。“阴阳太极”户外椅具有流畅而富于变换的曲线，造型优美，精致细腻。此款设计将中国传统文化符号、菲律宾传统手工编织技艺和高科技环保材料相结合，使传统与现代在产品设计中完美融合（图3-3-12）。

每一个优秀设计的背后都是设计师用心感悟生活、品味文化后的匠心独具。产品设计不是一种艺术行为，而是社会行为，文化必然渗透其中，影响着产品设计的方向。设计的文化性，就要求我们努力研究目标用户的生存方式，综合客观观察与行为密切相关的环境状况，尝试在过去的经验中寻找与目前情况最接近的模式，通过设计建立联系，刺激我们的生活感官，使其保持敏锐和细致。

同时，任何一件产品的设计，都可以看作是新文化的符号、象征与载体的创造，即设计是新文化创造。设计对文化的影响，小到对某种生活用品、食品及生产工具的创造和改进，大到对思想观念、概念体系、思维方式、社会形态的构造设计。设计对文化的影响和文化对设计的影响同样重要。产品不单单是具有一种独立于人的物的特征，而且更具有与人的需求密切相关的文化特征。

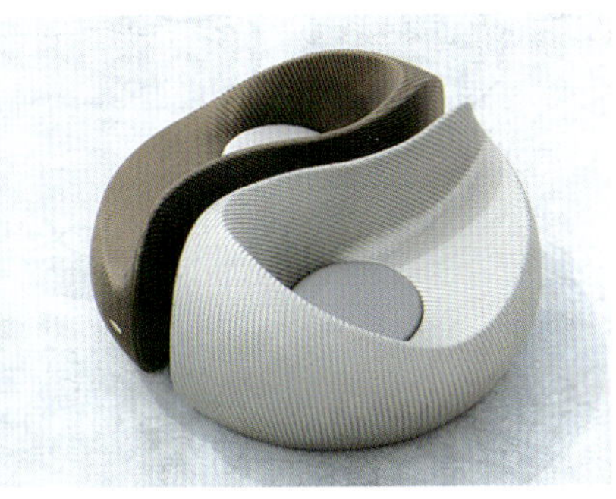

图3-3-12 “阴阳太极”户外椅 Dedon

所以，设计对人类文化的贡献，不仅表现在解决人在生存发展过程中的物质与精神需求的多少，更表现在不断提升解决人的种种需求方式的科学性、情感性上，以更科学、更合理、更富有人情味的方法取代以往存在的解决人的需求的低层次方法。正是在这一点上，设计提升着人的生存质量。正如工业设计家宣言中提道的：从事工业设计的人们，应当努力推广一种生活，使人们重新发现隐藏在日常存在后更深层的价值和含义；应当尝试引导人们去体会隐藏在日常生活后面更深层的含义，而不是刺激人们无止境的消费欲望……

3.3.5 生态要素

面对当前全球的环境污染、生态破坏、资源浪费、温室效应和资源殆尽，每个地球人都应感到生存的危机。1962年美国学者雷切尔·卡逊出版了著名的环保科普著作《寂静的春天》，从此地球的生态环境开始引起人们越来越多的关注。1970年4月22日美国2000万人举行大游行，要求政府对环境进行保护和提供资金支持，进而改善地球的整体环境，后来这一天被联合国定为“世界地球日”。20世纪80年代，应时代变迁和社会经济发展的需要，人们提出了“可持续发展”概念。1992年瑞士政府的《NAWU报告》中说：质量发展是依赖同样不变的原材料，不增加自然环境的负担下，提高生活质量。因此，在现如今制定的产品设计评价标准中，环保被视为优良产品设计所具备的条件之一。社会的可持续发展的要求也预示着“绿色设计”将成为21世纪工业设计的热点之一。

在以往的现代化意识驱使下，人们追求更新、更好、更高级、更快节奏，不断地在更新周围的产品。这样一来，设计产品的使用寿命往往很短，而设计师也没有把质量和使用寿命放在设计的第一位。在产品开发过程中，如果不重视环境意识，不考虑产品本身是否对环境造成污染和危害，而一味地关心它们的造型是否具有十足创意、成本是否十足低廉等，从长远角度看，只会给企业带来损失，更会给人类赖以生存的自然带来不可逆转的损失和灾难。当人们的环保意识提高后，生活观念发生了变化，不再去追求刺激购买“美”的产品。同时，设计的目的不仅仅被局限在提高效率、可用性、市场竞争等，而被看成生态系统的规划方法，如环境规划、城市规划、资源规划、废料再生规划等已经成为许多工业设计考虑的内容，通过设计师们的思维表达出来就是：外形跟随生态（form follows ecology）和外形跟随心情（form follows emotion）。

那么，什么是生态设计？下面举一个简单的例子来说明。设计师们通常设计很漂亮的容器包装来盛装洗发液。洗发液是人们日常必备用品，当洗发液用尽后，塑料包装容器便成为废料，而这种塑料很难再处理。1991年汉堡一家洗发液厂家举办了首次对环境友好的因素的洗发液设计比赛。英国一名设计师获得一等奖，他把洗发液设计成洗发粉，凝结成块状，使用时掰下来一块，放进水里融化后使用，产品本身不需要再附加任何包装物。原有的塑料包装所产生的浪费也就不存在了。刚才提到了对环境友好，IF国际工业设计比赛也把对环境友好当作评价参赛作品的标准之一。对环境友好的因素包括：对空气的影响、水的消耗和对水的污染、对土壤的影响、制造和使用时的发热和能量消耗、原材料来源、废物再生的可能性、使用寿命、包装产生的废料等。德国标准研究所提出，与传统产品相比，对环境友好的产品应满足使用要求，在制造、应用和回收处理中需要较少的资源，对环境造成较少的负担。

如图3-3-13所示，由Cohda设计的RD4s椅子有着独特的、雕塑般的外形。这是基于一种创新的生产方法URE（未冷却再循环挤压法）。家用塑料垃圾熔化后直接挤到模具中。整个程序具有高效节能性，因为跳过了再循环过程中的一个阶段。

如图3-3-14所示，安娜·布鲁斯设计的泡泡糖垃圾桶是一个外观简洁的垃圾箱，可以附属在街道的设备上。这个产品还有一个秘密：它不仅能收集丢弃的口香糖，而且还是用口香糖做成的。丢弃的口香糖和生物树脂结合在一起，会转化成一种生物所能分解的材料。这种材料又可以制作成垫子或更多的垃圾箱。

图3-3-13　RD4s椅子　Cohda

图3-3-14　泡泡糖垃圾桶　安娜·布鲁斯

纽约建筑设计师 Allison Patrick 做了30个吊灯的DIY设计，都是用不同的纸裁剪后粘贴成的，比如地图、电话本、小说、杂志等，这样的灯既可使废物利用，环保又可爱（图3-3-15）。

现在都讲究要废物利用，进行循环使用，减少对大自然的污染，而饮料瓶如何实现废物利用？这通常是设计师考虑和解决的问题，比如可以生产一些零部件和饮料瓶搭配使用。如图3-3-16所示，上部图例使饮料瓶摇身一变成为浇水壶和晾衣架。下部图例的饮料瓶的瓶口和瓶身可以模块化拼接，就好像乐高玩具一样，喝完的饮料瓶可以留下来拼接出你喜欢的东西而不是被轻易地扔掉。类似的设计还有“Y Water饮料瓶”这样独特的设计想法，不仅可以节省日常生活中剩下的材料，变废为宝，而且喝完饮料后其瓶子还可以成为一款智力玩具，增加生活情趣的同时，还能锻炼孩子的想象力，有利于他们的智力发展（图3–3–17）。

总之，在产品设计的过程中应当充分考虑生态要素，尽可能减少天然原材料的消耗，选择代用材料（称为二级材料），或使用可循环再生材料，处理垃圾废物形成新原料；提高产品的使用寿命，提高产品的可维修性；选择易加工的原材料，创新设计制造工艺，采用低消耗、低放热过程和简单工艺；减少包装产生的废物，尽量减少对用户无用的包装，并采用可再生材料包装；尽量使产品小型化。

图3–3–15　纸质吊灯　Allison Patrick

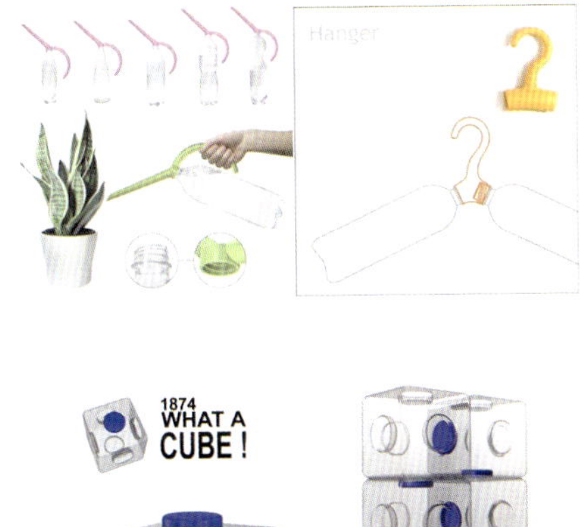

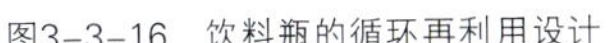

图3–3–16　饮料瓶的循环再利用设计

图3–3–17　Y Water饮料瓶的再利用设计　Yves Behar

3.4 案例赏析：城市家具系统设计

“城市家具”，这一词条产生于英国，英语为“Urban Furniture”，类似的词条还有“Street Furniture”，直译为“街道家具”。在欧洲，称其为“Urban Element”，直译为“城市元素”。在日本，被理解为“步行者道路的家具”或者“道的装置”，也称“街具”。在我国，可以理解为“公共设施”，也称为“城市环境设施”。

公共设施设计由两部分构成：一是单体设施设计，这是公共设施设计最基础的部分也是最核心的部分；二是系统规划设计，指单体的设施通过系统的规划设计所形成的与环境相协调的整体设施设计（图3–4–1）。

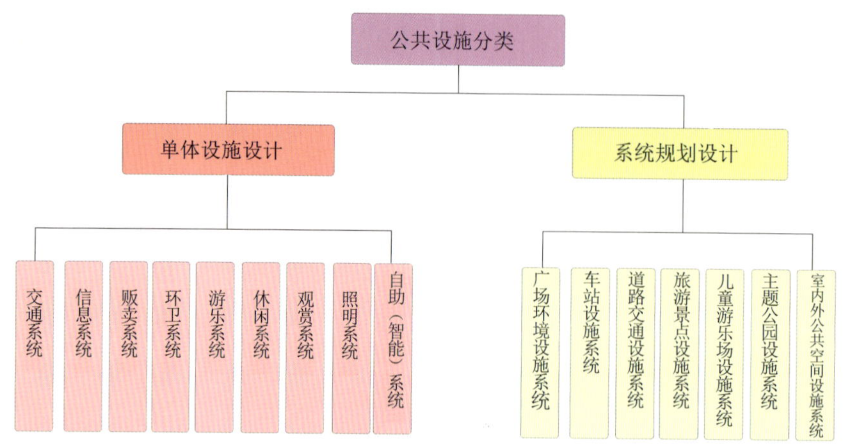

图3-4-1　公共设施的分类

3.4.1 城市家具系统设计要点

（1）全局因素

环境景观由自然景观与人文景观构成，其中，自然景观是天然自成的，由山形、江河、水体、地势、天空、绿色植被、岩石等构成；人文景观是由建筑物、广场、道路、公共设施、动态的车体、人群所构成。所以设施的规划设计是要以设施所处整体的环境为出发点，与周围景观形态、色彩、环境等诸多要素统一考虑，发挥自然力，增色景观设计。

（2）地理环境因素

一年有四季、雨雪、日出、日落，所以设施设计要考虑时间、空间的关系。从空间的因素来讲，如设施设计所处的位置，是高山还是平原，是水边还是凹地，是南方还是北方。我国北方冬季时间长，日照短，温度低，故色彩设计应考虑以暖色为主、冷色为辅的设计原则，同时还要注意明度不要太高，以免设施的色彩与冬季环境平淡的灰白色形成一体没有变化。设施设计要注意防寒、保暖、通风等问题，南方及内陆沙漠由于气候炎热，光照强，易造成人们的情绪不稳定，因此有些设施设计要考虑运用高明度且色彩淡雅些的；同时考虑南方的梅雨、潮湿的气候，设施设计要考虑空气的流通问题。

（3）人文环境因素

公共设施充实了城市空间的内容，代表了城市空间的形象，反映了一个城市特有的景观风貌、人文风采，表现了城市的气质和风格，显示出城市的经济状况，是社会发展和民族文明的象征。随着社会的发展，生活方式的改变，现代人在期望现代物质文明的同时，也渴求精神文明的滋润。公共设施在高度文明的社会环境创造中，发挥着极其重要的作用。

设计师要根据当地的地理环境、风土人情、地方特色，因地制宜地规划设计公共设施，形成地域性公共设施的风格特征。

（4）人的行为因素

在公共设施设计规划时应对环境状况和人的行为习惯进行调研。比如，环境有什么特征？是何性质的设施规划？使用者的构成成分如何？是年轻人、老年人还是儿童？另外，还要考虑使用人群的文化素养、民族宗教意识等。设施操作的可行性，要注意人性化的处理是否对人产生使用上的危害，是否考虑了残疾人、老人及儿童的使用等。

（5）功能分区因素

空间的组织规划要对进退有序、高低有致、开合有法、曲折有度等科学要素进行把握，同时要注意空间的节点处理，注意设施规划的连续性、延伸性、总体的节奏感及艺术性的把握，形成既有变化又统一的整体的景观性艺术效果。功能划分起着很大的作用，可以使设计师对设计有总体的客观把握，可以使众多的不同功能部分通过有组织的规划组成有序的合理空间，有助于研究各要素之间的相互关系、相互作用。总体空间的位置限定了设施形象的确立，进而使公共设施设计进一步得到完善。

（6）无障碍设计因素

无障碍设计因素包括是否需要考虑无障碍设计的规范、标准等问题。

（7）低碳环保因素

低碳环保因素体现在设计方法、色彩运用、材料选择、制作方式等诸方面。

（8）政策法规因素

政策法规因素体现在设计规划是否符合相关政策法规的执行，是否符合国际化标准等。

3.4.2 Metro40系列城市家具设计

BMW美国设计工作组不仅仅只设计汽车，还涵盖了综合的设计项目和任务。这里提到的就是他们为户外景观家具制造商Landscape Forms设计的整合环境配套设计产品Metro40。Metro40是一个整合景观、广告灯箱、候车厅、公共座椅和垃圾回收的公共系统设计。这些公共设施的曲面流线、材质和表面处理等都透露出汽车设计的风格。这一系列产品设计中又以椅子的设计最为巧妙。利用金属的折弯使其能很好地自然贯通，形成椅背表面和椅腿表面的平滑过渡，属于善用材料的好案例。Metro40外形优雅简练，同时还是与人共生的城市景观雕塑，已按城市规划和建筑设计师的设计要求开发，以帮助提升城市中心的生活体验，提升公共系统的整体形象（图3-4-2）。

图3-4-2　Metro40系列城市家具设计

3.4.3 拉维莱特公园公共设施规划设计

拉维莱特公园公共设施规划设计，是结构主义建筑大师伯纳德·屈米的代表作品。屈米运用解构主义的处理手法，在形态设计、色彩处理上与巴黎雅致的古典环境产生强烈的反差。屈米把形式的追求视为第一设计要素，把设计上的意念通过点、线、面的几何化的组合、穿插求得形式上的独特性。

在公园的总体设计上，屈米强调了变化统一的原则。虽然各体系、各建筑要素和植物要素之间存在着很大的反差，却完全统一在建筑师的处理手法和红色的“游乐亭”的控制之下。而对10个主题花园的设计却风格迥

图3-4-3　拉维莱特公园公共设施规划设计

异，毫不重复，彼此之间有很大的差异感和断裂感。因此，拉维莱特公园的多样性更多的是体现在各个主题花园的处理上，而不是公园的整体框架上。与凡尔赛中的小园林一样，主题花园也是拉维莱特公园中最有趣和最吸引人的地方，它满足了不同文化层次及年龄的游客的需要（图3-4-3）。

思考与练习

1. 简述形态如何才能符合产品的功能和目的。

2. 举例证明传统文化对产品设计的影响和意义。

3. 设计一款灯具，综合考虑组成产品系统的各要素，画出3～5款设计草图。

4. 题目：校园公共设施设计。

要求：

（1）以小组形式完成，每组3～5人。

（2）以所在大学校园为考察对象，分组完成校园垃圾桶设计、校园公共座椅设计、校园路灯设计、校园宣传栏设计、校园自行车停放处设计、校园电子自助设备设计（如自动查询机、话费机）。

（3）设计过程完整，充分考虑产品系统的内部要素与外部要素。

作业内容：

（1）以系统的思维方式，从大学校园的特定环境、特定人群等因素出发，全面考虑产品系统的各要素，详细地调研分析所设计的校园公共设施的环境、人群、产品并进行设计定位。

（2）围绕设计调研和定位，每人绘制5张精细设计草图，A3幅面，用彩铅及马克笔精细绘制，画面内容丰富，有相关说明。

（3）组内讨论确定最终方案，进行建模渲染，并最终排版，要求有主视图、角度视图、局部视图、场景图、三视图、设计说明等，版面为2张A3幅面。

第4章　系统设计概述

4.1 系统设计的概念

产品的系统设计主要是指在设计时将设计对象纳入到一个完整的系统之中，从而进行有机的、动态的设计研究和表达，通过整合和联系的方法将构成产品的各个要素或子系统相互联系，同时使其与影响产品的外部要素相关联，在多种要素的影响下进行的一种综合性的方法设计系统。设计师需要从整体上把握各要素之间的关系，通过系统结构和功能深入分析和理解，使产品达到各要素作用下的既定功能和设计方案。

这种设计方法源自20世纪70年代，世界各国陆续开始了由工业社会向信息社会的过渡，其中以互联网的出现和普及为代表，现实世界中的空间距离被虚拟网络打破，人类获得知识和传递信息的渠道得到了前所未有的扩展，与此同时，设计领域也出现了许多新特征。

第一，设计的产品越来越趋向个性化和多样化，这一阶段人类社会的物质资源相对充裕，消费者对产品的需求也日趋丰富和多样，大工业生产时期标准化的大批量生产已经不能满足其需要，并且随着消费市场的扩大，市场将产品从设计到上市的时间周期大大缩短。如果没有一个系统而完善的设计方法和流程，设计师将很难在多变的市场中获得丰厚的利润。

第二，人在产品设计中表现出了高度的参与性，网络的快速发展使所有的人都从中获益，每一个人都能利用网络广泛、自由、全面地参与社会的方方面面的活动，并且网络所独具的虚拟化特征使人从传统的身份地位思维中解脱出来，更有利于每个人发挥自己的特长和天性，甚至很多网络用户可以参与到以前只有专业设计师才能接触到的领域，发挥自己的想象自行参与到设计的全过程之中，并随时与专业设计师交流进行设计作品的自我定制。例如，以“为发烧而生”为产品理念的小米公司，不仅在基于安卓系统的MIUI中充分地使用协同设计，调动了众多小米“发烧友”的热情，还开放了操作桌面主题的设计平台，让所有人都可以做属于自己的手机界面和UI图标，并进行平台推广，同时将收益部分分给设计者（图4-1-1、图4-1-2）。

图4-1-1　小米桌面平台付费主题　雏菊　　图4-1-2　小米桌面平台免费主题　Marsking

第三，在信息时代，计算机替代了一部分体力和脑力工作，在客观上也提高了设计师的设计能力。随着数字化设备的使用，设计中出现了新的设计语言和表现手段，虚拟化的图形图像使设计图更加贴近生活，让客户能更真实地感受设计作品的预期效果，减少了大量不必要的语言交流和时间浪费。

第四，设计摆脱了单纯的艺术考量，越来越多的设计和科学（如工程学、信息学）相结合，创造出大量既富有美感又不乏科学依据的产品，不仅在视觉上更在功能上满足了使用者的需求，使设计成为真正的艺术和技术的完美结合体。

系统设计在带有这些新特征的现代设计中起到了不可忽视的作用。当系统设计思想被应用于设计以后，产品不再被看作是孤立的个体。设计师在设计中将其放置于系统之中，使其功能不再局限于单一的设计因素，而被充分地纳入多种影响因素的关系之中。在设计开始阶段，设计师不仅将构成产品的功能、结构、色彩、材料、造型等基础元素纳入基础系统之中，同时还将设计对象整体作为一个要素放入社会、经济、技术这样的宏观系统之中，在重视人因要素的同时也提高了对环境要素的认识，因而这种思维下的设计作品更加符合实际。

4.2 系统设计的一般流程

现代设计是一种面向用户和商品市场的创造性活动，因此它需要有组织、有计划、有步骤、有目标地实施，设计流程中的每个环节都是产品开发过程中亟待解决的问题，设计的过程就是解决问题的过程。这个过程的起点就是产品的立项过程，通过调研、数据收集、数据分析、概念草图、设计定案、方案细化、产品实施、市场投放、市场反馈等过程环节，形成一个闭环的设计流程。

科学技术的迅速发展和人类对客观世界认识的不断深入以及设计工作所需的理论基础和手段的进一步提高，特别是电子计算机技术的发展及应用，对设计工作产生了革命性的突变。此外，步入现代设计阶段的另一个特点就是，对产品的设计已不仅是考虑产品本身，还要考虑对系统和环境的影响；不仅要考虑技术领域，还要考虑经济、社会效益；不仅要考虑当前，还需考虑长远发展。例如，汽车设计，不仅要考虑汽车本身的有关技术问题，还需考虑使用者的安全、舒适、操作方便等。此外，还需考虑汽车的燃料供应和污染、车辆存放、道路发展等问题。

而传统设计流程是以经验总结为基础，运用长期设计实践和理论计算而形成的经验、公式、图表、设计手册等作为设计的依据，通过经验公式、近似系数或类比等方法进行设计。通过类比分析或经验公式来确定方案，由于方案的拟定很大程度上取决于设计人员的个人经验，即使同时拟定几个方案，也难以获得最优方案。传统设计方法是一种以静态分析、近似计算、经验设计、手工劳动为特征的设计方法。显然，随着现代科学技术的飞速发展、生产技术的需要和市场的激烈竞争以及先进设计手段的出现，传统设计方法和流程已不能满足当今时代的要求。

产品的设计流程是在社会科学规律的作用下形成的一个合理的产品开发及设计的工作步骤，它是通过以整体目标和众多阶段性目标相结合的方式来实现的。整体目标以阶段性目标的完成为依据，阶段性目标以整体目标的导向为行动指南。随着当今社会科学技术的快速发展和人们经济水平与社会需求的日益提高和增加，产品设计面临着前所未有的复杂和多样。因此，只有在新产品的开发中充分地采用产品系统设计流程，才能保证产品开发的科学性和方向的正确性，才能保持产品的市场竞争力，实现和提高企业的经济效益。

4.2.1 设计立项阶段

产品在进入设计流程前，需要相应的前期准备，其中主要是设计产品的立项过程，设计立项主要包含两个方面的内容。

① 设计立项是新产品的开发意向和对企业理念和经营方针的把握。在产品的开发过程中，公司或企业必须要通过已有产品的市场反馈信息，对市场的新需求、新消费人群以及已有产品的消费盲点作出相应的判断，并做出具有针对性新产品的开发意向。而无论是新产品还是已有产品都必须和企业的经营理念相吻合，在形式、功能以及细节上做到高度的统一。

② 组建产品开发团队。产品的开发流程是一个复杂的过程，涉及多个领域的专业知识，因此，在开发团队的组建过程中，需要吸收不同专业不同领域的专业人员进行参与，在不同的阶段解决不同的问题，从而保证产品开发流程的顺利进行。比如产品设计团队中，需要有产品设计师（ID）、用户体验研究员、结构设计师、市场营销及推广专家以及相关问题领域的专家学者等，同时还需要积极地与手板厂和加工厂保持密切的联系和沟通。

4.2.2 市场调查和分析阶段

市场调查和产品立项之间不存在明显的先后关系，大多数时候两者是同时进行的，市场的调研与分析主要是指通过对消费市场中产品、消费者、竞争对象以及市场环境等因素的调查，对市场需求及消费倾向做出相应的判断，为后续的开发流程做出相应的数据支持。

这个阶段要达成的目标主要有：探索产品化的可能性；通过分析发现市场潜在需求；发现开发中的实际问题；把握同类产品的市场倾向，并寻求与其的差异点；开发产品商品化的方向和途径。

（1）对市场环境的调研

市场环境的调研主要包括自然环境、社会环境、政治环境、经济环境、科技环境、文化环境等。这些环境因素相互关联相互作用，共同构成了产品的市场环境，并以深刻的影响力和渗透力，潜移默化地影响着产品系统设计的方向和要素。例如，电子产品的设计与开发就与能源、环境、技术、经济、人文等要素有着千丝万缕的联系。

任何企业的经营活动都是在特定的行业环境和社会背景下进行的，其经营战略和产品开发的环节和要素也必然会受到相关环境的影响，只有深刻地对各环境要素进行调研和把握，才能真正为产品开发“摸准脉”和“找对路”。图4–2–1是相关人员对绿色环保产品开发时，所做的市场环境大背景的调研和分析。

图4–2–1　绿色产品开发过程中的时代背景分析

（2）对相关产品的调研

对相关产品的调研就是通过对同类产品资料的收集和分析，对包括产品的历史和发展趋势、产品的构成要素、生产技术特点、市场价和成本等要素进行一定的总结和书面的概括。例如，对LED照明产品的的调研。LED是英文 light emitting diode（发光二极管）的缩写，它的基本结构是一块电致发光的半导体材料芯片，用银胶或白胶固化到支架上，然后用银线或金线连接芯片和电路板，四周用环氧树脂密封，起到保护内部芯线的作用，最后安装外壳，所以 LED灯的抗震性能好。其运用领域涉及手机、台灯、家电等日常家电和机械生产方面。20世纪60年代，科技工作者利用半导体PN结发光的原理，研制成了LED发光二极管。最初的LED发光颜色为红色，经过近30年的发展，大家十分熟悉的LED，已能发出红、橙、黄、绿、蓝等多种色光。然而发白色光的LED是1998年才开发成功， 2000年以后才广泛推广的。其具有节能、环保、寿命长、无频闪、经济效益明显等产品优势，比传统白炽灯节电80%以上，相同功率下亮度是白炽灯的10倍，并且没有传统灯管碎裂问题，对人体无伤害、无辐射。图4-2-2是根据对LED照明产品结构组成的调研分析形成的视觉化报告。

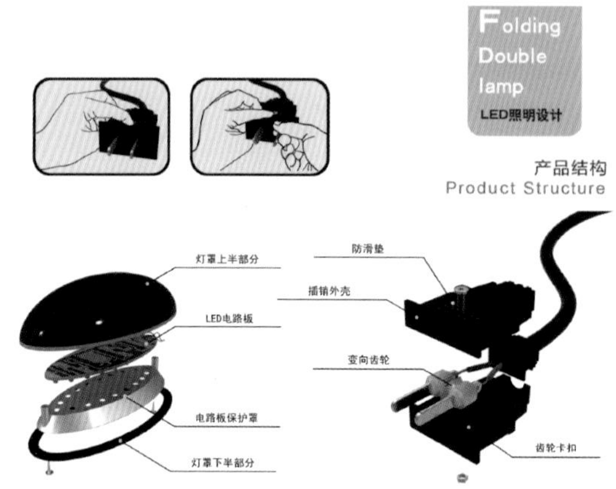

图4-2-2　照明产品的结构组成部件分析　岳涵

（3）对消费者的调研

产品的设计与开发最终也是为了满足人的需求，产品投放到市场中是否能够引起消费兴趣和具备持续的生命力，很大程度上取决于产品是否能够满足消费者的消费需求，或者说“消费者的口味”。可以说，对消费者需求的调研是商品经济下产品设计的核心工作之一。

对消费者的调研主要包括对消费人群的定位分析、对消费者的特征分析（价值观、世界观、成长年代等）、对消费人群行为方式的分析、对消费人群的地域性分析（地域自然环境、地域文化环境、地域性行为）等。比如，不同年龄阶段的人群会产生不同的世界观和价值观，不同地域文化下会产生不同的行为习惯，不同地域环境下也会产生不同的行为需求，在不同的场合和环境下，消费者会对产品的外形、色彩、材质产生不同的需求。

因此，这就需要在产品设计之初就对消费人群进行准确的定位和分析，根据定位人群的需求进行产品设计点的把握，从而使产品明确针对目标人群，达到产品商业化的目的。

（4）对竞争对象的调研

企业的生存和发展除了需要不断满足和发掘现实存在的市场潜力外，还要面对同类竞品的生产制造商，因此对同类产品竞争对象的调研与分析是十分有必要的，其中主要包括对竞争企业的发展状况进行必要的调研、对竞争企业的技术水平和生产制造现状进行调研、对竞品的现状（优点和缺点）及发展动向的调研等。

市场调研的方法相对多样，其中主要包括访谈法、观察法、问卷法、相关资料收集法等，而根据不同的调研方式，又可以分为面对面访谈式调研、电话调研、电子邮件调研、网络调研等。根据这些调研信息，收集尽可能多的资料，并对其进行详细的分析和总结，以较为科学准确的方式进行清晰、直观的分析与表达，从而形成有较高准确性和视觉辨识度的市场调研报告。图4-2-3是通过柱状图呈现被调查者对未来笔记本功能的设想，并对其进行相应的分析和设计点的发掘。

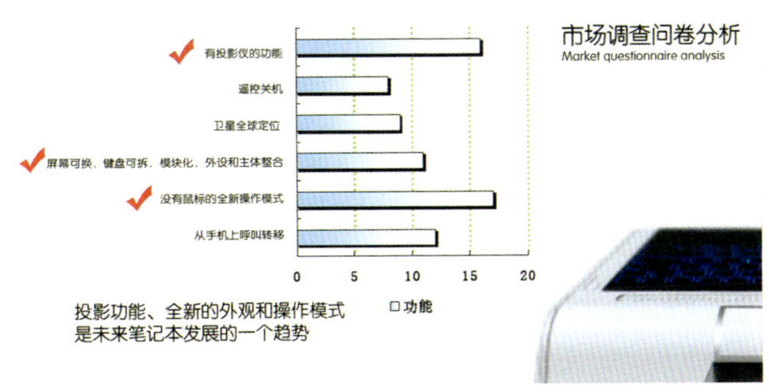

图4-2-3　笔记本设计的市场调研分析柱状图

4.2.3 产品的构思和定位阶段

经过产品的市场调研和分析阶段后，产品的市场需求和设计方向就已经相对明确，接下来进行的就是产品的构思和定位，在这个阶段里主要可以采用集体讨论和头脑风暴等形式进行，大量的构思和想法会为之后方案的选择拓宽范围，再根据之前调研得出的相关数据进行进一步的方案筛选，从而选出最适合的方案，并进行产品的实现性准备。

产品定位主要是指企业为制造和销售出满足消费市场需求的产品而进行的产品企划和营销活动。产品定位的目的在于根据企业和产品自身情况准确地推动产品进入相应的市场，并获取相关利润，从而有效地将产品优势转化为获取市场份额的优势。

产品定位主要有以下三点原则：

① 创新原则。主要针对用户求新求异的心理，在市场定位时主要突出产品的“新造型”“新功能”“新技术”等。同时，无论产品还是企业都必须要具备创新精神，只有具备自己的特色才能在激烈的市场竞争中赢得主动权。

② 导向性原则。在产品的定位中产品的造型和功能应该具有一定的市场导向作用，从而引导消费者的购买行为，同时也会使产品在消费者心中树立导向地位。

③ 补差原则。这条原则主要是指企业在产品定位和开发时，需要对市场的“盲点”有敏锐的洞察力，并且要做到及时发现及时填补，只有这样才能更好地抢占市场份额，使企业在激烈的市场竞争中更好地生存和发展。

4.2.4 产品的设计概念提出和构思阶段

产品的设计概念是基于产品的使用对象、使用环境等影响要素，将产品的使用方法、功能结构、外观造型、整体配色等产品组成元素具体化、形象化的过程，是设计师对新产品的具体想法和方案。从本质上讲，它以满足消费者的需求点为基础，最终完成企业的利益诉求。设计概念是企业在大量调研和分析的基础上形成的，是产品构思和定位阶段的进一步深化，也是对产品方向确定后进一步细化的过程。

设计构思主要是指设计师以产品草图的表现形式将产生的创意纸质化，通过对概念的表现和展开，使产品形象化和具体化，从而在视觉上更直观地帮助设计师和产品开发人员挑选可行的设计方案。图4-2-4和图4-2-5是产品构思和概念草图的两种形式。图4-2-4是单色表达，更方便设计者的概念记录，使用的工具也相对简单，一支圆珠笔一张纸就可以完全满足。图4-2-5是内容相对丰富的草图形式，它主要侧重产品概念的多方面的表达，比如颜色、材质、肌理等，能够使设计师在进行方案挑选时，更全面地了解概念产品的各个构成要素，但其弊端在于作画工具相对于单色草图来说略多，表现技法也相对复杂。

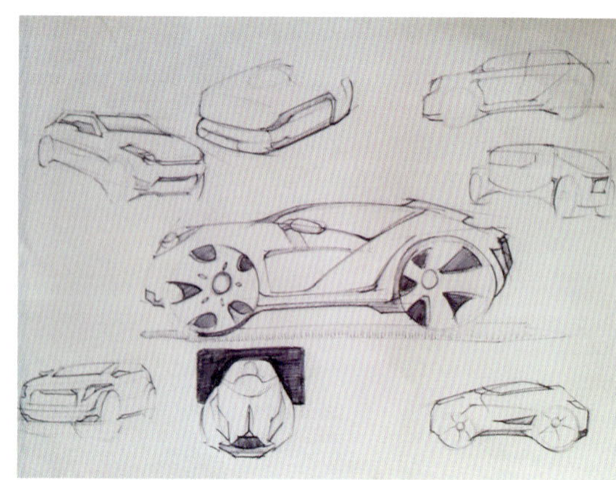

图4-2-4　单色产品概念草图

图4-2-5　着色产品概念草图

4.2.5 产品设计的造型和细化阶段

产品的造型和细化是在产品前期调研和概念表达的基础上，是通过对产品设计草图的细化和计算机辅助设计来进行的，因此这个阶段又可以被划分为三个部分，即草图细化、二维设计表达和三维设计表达。产品设计的造型和细节阶段，除了最基本的对产品外观进行设计外，还需要充分考虑产品的结构工艺、人机尺度以及功能设计等设计要素。

（1）草图的细化

草图的细化主要是指设计师在做概念草图的方案选择后，徒手进行的方案细化的过程，它的主要作用是对设计概念进行思路性的展开和深入，并向其他设计成员传达相关的设计信息。这一阶段需要设计者清楚地表达产品的结构、材质、造型功能等元素和细节，并使用多角度表达和多部件刻画等方式来进行，必要时还可以通过三视图、剖视图以及情景使用图进行产品造型、结构和使用环境的表达。图4-2-6是木座椅的手绘细化图，图中清晰地表现了座椅的各部分构件和拆分细节，从而使设计师团队能够更清晰地对设计方案的可行性进行评价和选择。

（2）计算机辅助设计——二维设计表达

计算机辅助设计是一种运用计算机和相关软件进行设计活动的手段，通过二维和三维的产品模拟，更加形象地将产品呈献给设计师和产品开发人员，以更好地通过视觉的方式对设计作品进行市场预估和定位。一般常用的二维软件有CorelDraw、Photoshop、Illustrator等，而其中常用的表达方式也分为两种。图4-2-7和图4-2-8分别是二维手绘表达图和二维精细表达图。二维手绘表达图主要通过二维软件和手绘板的配合进行表达，它的特点是表现速度快，但是图片更像绘画，缺少设计的精细感；二维精细表达图则主要通过二维软件的基本功能和表现形式进行作图，它的特点是产品表达真实感更强，细节表达也相对充分和真实。

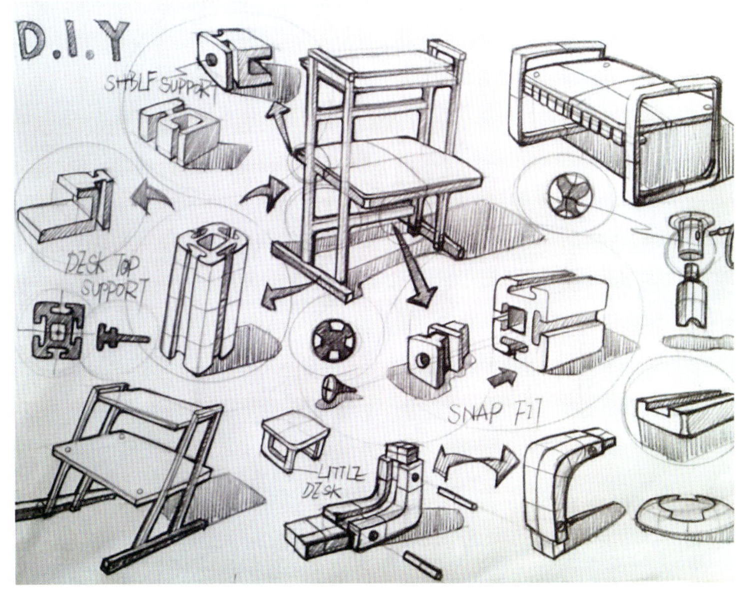

图4-2-6　木座椅手绘细化图

图4-2-7　二维手绘表达图

图4-2-8　二维精细表达图

（3）计算机辅助设计——三维设计表达

产品三维效果图主要的制作软件有3DMAX、Rhino、C4D等，其主要的功能在于通过计算机辅助，进行产品模型的虚拟三维制作，并通过渲染模拟出产品的真实场景，帮助设计师更好地体验产品的优点和缺点以及产品创意的表达。图4-2-9是某概念设计的渲染场景图，它让设计师真实地感受到了与真实产品一样的体量感和材质感，更真实地模拟了使用场景，从而更好地帮助设计师进行判断。

图4-2-9　三维设计表达图

4.2.6 产品设计的定案及评价阶段

产品定案是产品在设计阶段中最终视觉效果的呈现阶段，设计师将完善的产品视觉效果图交付其他部门开发人员进行产品的各方面评估，以判断设计是否符合产品的企划要求和设计概念。

对产品设计进行系统的评价也是一个非常重要的流程和环节。在这个过程中不仅需要通过系统设计的思想、程序以及方法对产品方案进行应用，还需要通过系统的评价标准对产品方案进行评价和功能扩展，以期使产品更加完善。产品的评价方式主要有两大原则：首先是评价产品对使用者及社会的现实意义；其次是从企业的角度评价产品的生产制造、企业品牌对市场的意义和影响。

通过对设计产品的系统评价，可以从中发现设计结果和目标之间的差距，帮助设计师更快地找出相应问题所在，并及时反馈到具体的设计之中，从而使设计更加完善可行。在日常的设计中常用的方法主要有三种：

① 经验性评价。这种方法主要针对影响方案的要素不多的情况，评价者可以根据已有经验做出相应的优缺点评价。

② 数据分析性评价。其主要是指根据数学工具及相关产品数据进行定量分析，从而做出评价的方式。

③ 实践性评价。其主要是指通过模拟的方式进行产品的虚拟化体验，或者通过相应产品的手办模型进行使用体验，从而做出相应的判断。

4.2.7 产品设计的转化及市场推广阶段

在设计方案完成相关设计评价后，就进入了设计产品的转化阶段，即产品设计的实施阶段。这一阶段主要涉及产品的制造和加工的各个环节和要素，主要包括产品的材料、工艺、表面处理、配色、成本、功能指标和参数等。这一阶段的中心任务就是将确定的方案向生产加工方向推进。只有通过产品的生产性验证，才能进行小批量的试制、试用以及修改等环节，从而投入真正的批量化生产阶段。

由于设计从概念到产品的转化就是实现其商品化的过程，因此市场推广就成为产品实现设计价值的最终环节，它也是产品流程中最重要的环节之一。产品的这一过程主要涉及产品包装、广告、展示空间、营销策划、媒体传播等相关要素，只有使用系统的方法去实施，才能很好地将其贯穿和协调起来，从而将必要的信息传达给消费者，以提升产品的市场价值，同时塑造产品及企业形象。

随着市场竞争的加剧，除了产品创新和实现商品化速度大大提升以外，在企业竞争中又出现了一个新的领域——产品服务，它与现代商业同步发展，并日益成为产品在市场竞争中的一项重要的“软价值”。“软价值”主要是相对于商品的有形的“硬价值”而言的，它主要包括产品的新颖度、实用度、美观度、文化性以及产品的售后服务等。随着消费者的消费观念日益更新以及产品市场的不断发展，“软价值”在商品价值中所占的比重以及对消费者造成的影响力越来越大，因此，企业只有充分地重视“软价值”的作用，运用系统的方法和手段使产品的“软价值”和“硬价值”相互统一、相互促进，才能更好地实现企业对商品市场的占有率以及利益的最大化。

4.2.8 产品设计的信息反馈阶段

产品在大批量生产并投入市场后就变成了商品，对企业来说，这个阶段最重要的就是通过市场的流通渠道收集各方面的产品反馈信息，进行分析和总结，从而有的放矢地对未来的产品进行开发和改良，同时可有效地加强企业与用户之间的沟通和交流，客观上也增加了用户对企业和品牌的信任和依赖度。产品反馈信息一般包括产品市场销售数据信息、产品维修数据信息、客户反馈信息、相关产品数据对比信息等。企业可以通过这些信息清晰地了解商品市场的相关信息，如产品的销售状况、销售策略、相关产品价格对比、产品功能及市场缺陷以及竞争对手的生产状况和产品市场占有率等，从而有效地掌握产品市场发展动向，有针对性地组织生产和销售环节，从而提升产品的市场竞争力，使企业在市场竞争中处于有利地位。

4.3 系统设计的思维方式

4.3.1 整体性思维

所谓的整体性主要是指各要素之间根据一定的组织结构组成了一个有机的整体，并且该组合体具备了各个要素都不具备的属性和功能，即我们通常说的“非加和性”。图4-3-1所示为丹麦著名的玩具品牌乐高，它的成功之处就在于将传统的固态玩具动态化，即将玩具以个体元素的形式生产，打破了儿童玩具的固定性，使儿童在玩乐中充分发挥才智和天赋，进行自我再创造，不仅达到了寓教于乐的功效，还满足了儿童对玩具个性化的需求，堪称产品系统设计整体性思维运用的经典案例。

产品系统的整体性思维是产品系统设计的基本出发点和重要的思维方式。我们知道，产品的产生和发展是以一定的自然和社会环境为背景的，大的环境系统决定了产品的本质和生命，产品作为实现生活方式的手段，必须在一定的空间、具有特定的人文以及生活方式的使用者中通过各种相互联系的要素的整体作用，得以实现其功能意义。因此，在设计之前必须明确产品设计的系统过程和整体目标，即设计定位，才能使设计师在从事的设计活动中将设计对象以整体和要素的关系进行划分和思考，才能有效地展示出要素与整体、要素与环境、环境与整体之间的相互关系，合理地安排各个步骤和环节，合理地处理每个细节和元素，从而促进设计活动的顺利开展。

4.3.2 开放性思维

开放性思维主要是指系统在保持自身内部正常运转的同时，也持续不断地与外部系统和要素进行物质、能量和信息的交换。系统只有保持与外界持续的、健康的沟通和交流，才能够不断地提高和完善自身的适应能力和发展水平。如图4-3-2所示，绿色植物通过光合作用将二氧化碳和水转化成自身需要的有机化合物并释放出氧气，从而保持其自身的生命活力。

图4-3-1　乐高玩具

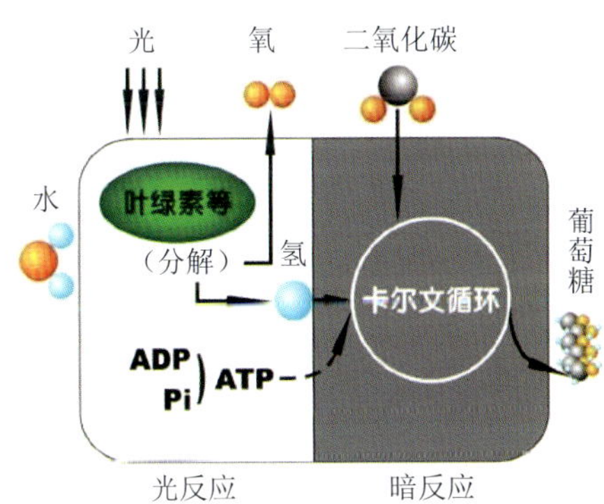

图4-3-2　绿色植物光合作用系统

人类社会系统也是一样，一个国家和地区只有时刻保持着与外界的畅通交流，才能不断地更新和提高自身的综合实力和影响力，否则就会出现“闭门造车”的现象，社会、经济、科技等都会缓慢发展或停滞不前。比如我国清朝后期出现的“闭关锁国”，是导致清政府由“康乾盛世”转向衰落的原因之一。

设计过程亦是如此，在设计的前期，我们需要收集和调研大量相关项目的信息，并进行及时的分析归纳，才能保质保量地按要求设计出优秀的作品，因此设计师在设计时应始终保持信息的敏感性和对新信息的收集、归纳、总结能力，使设计作品保持充分的开放性。

4.3.3 层次性思维

层次性思维主要是指由于构成系统的各要素在系统中发挥着不同的功能和作用，在客观上使其构建出一定层次的有机结构和不同的位置关系。图4-3-3是我们所熟知的生态系统结构，由此可以看到，在大的生物和环境作用下构成了生态系统。生态系统中有生物部分和非生物部分，生物部分又可以细分为生产者、消费者和分解者，而这又是一个小的循环系统，还可以分解为具体的植物、动物、菌类以及其中包含的食物链系统等。所有这些构成都有一定的层级划分。

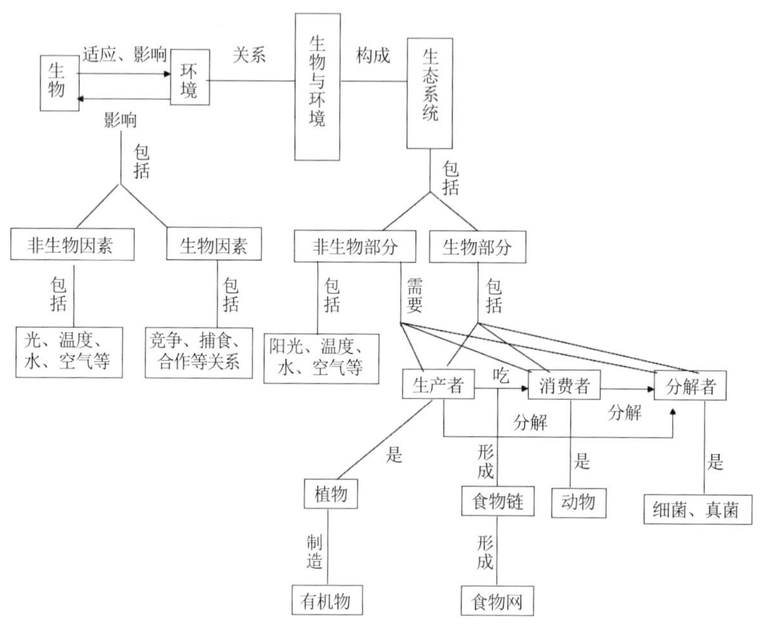

图4-3-3　生态系统结构

因此，在设计中我们也应将现有系统进行合理的分析和综合，从而科学地构建出系统要素的层级关系，充分收集与产品相关的资料，通过分析后进行创造性设计。可用系统分析、系统综合和系统优化的方法进行产品设计，将构成层次关系的诸多因素相互联系，按预定的产品设计定位综合整理出对设计问题的最佳解决方案。例如，在对家用木椅的设计时，首先要根据产品的外部环境（使用者、使用环境等）确定产品定位——通过家用摇椅为老年人创造舒适的休息方式，然后用系统分析的方法确定实现目标的手段——摇椅的结构和要素。采用何种结构和要素来实现功能，这是设计的方案。基于设计定位限定的方案所要考虑的因素十分复杂，作为木椅来讲，通常有造型、构造、连接等结构关系和材料、色彩、人体工学、价格等要素特征，这种将功能转化为结构、要素的过程就是系统分析。结构和要素的变化都可以使方案呈现出多样化的特征。在多种方案中，需要在错综复杂的要素中寻找一种最优的有序结构——特定的“方式”来支配各要素，用最符合设计定位的方案形成新产品。

4.3.4 关联性思维

关联性思维，顾名思义，就是强调事物的普遍联系性，在正确把握产品内部要素及外部要素广泛联系的基础上，强化积极因素，弱化消极因素，为产品建立起和谐稳定的功能和使用效果。例如，在产品设计中，我们要充分考虑产品内部构成因素的关联性和产品与外部环境因素之间的关联性，才能设计出更加新颖和实用的产品。

从产品本身考虑，产品的外观不仅要受到构成产品的材料、结构以及功能等内部因素的影响，还会受到产品定位、使用人群、产品维护、产品安全等外部因素的影响。这些要素之间相互关联，相互制约，共同作用于产品的造型过程中。

从外部环境考虑，所有的产品都会应用于使用环境之中，这就要求设计师在设计时不仅要考虑产品性能、色彩、形态、人机等要素对使用者的影响，更要通过要素的关联性认识到产品与空间中其他产品、非使用者、自然环境以及当时当地的人文环境（如不同时代、民族、地域会有不同的伦理道德、社会制度、风俗习惯、礼仪文化、审美潮流等）之间都客观地发生着相互作用。

4.3.5 分解性思维

分解性思维主要是指系统及各要素都是由多个更小的子系统及子要素构成的，且每个子系统和子要素都可以继续向下无限度地进行分解和细化。这就要求在设计过程中如果不具备某个或某些要素的相关知识和内容，且又无法在短期内获得，我们可以尝试将其进行分解处理，在细分的过程中找到自己擅长或熟悉的切入点进行分析和设计。图4-3-4是手机外设厂商米粒科技（Mrice）设计的一款造型独特的蓝牙音箱新品——Mrice露营者1.0户外音箱。我们在学习产品设计的过程中会经常进行这种复杂模型的建模训练，很多同学在初次遇见这类模型时会觉得无从下手，因为用一体成型或其他单个成型命令（扫描、放样、旋转）都无法完成整个模型的建造，这时我们就需要运用分解的思路进行操作。图4-3-5为Mrice露营者1.0户外音箱的分解拆卸图，将箱体分解为几个大型的部件进行建模，如果有些部件还是无法轻松完成，可以继续将其分解为更为细化的部件，直至分解到我们可以用简单的命令就能完成的小零件，再将其进行拼接组装，形成整体。

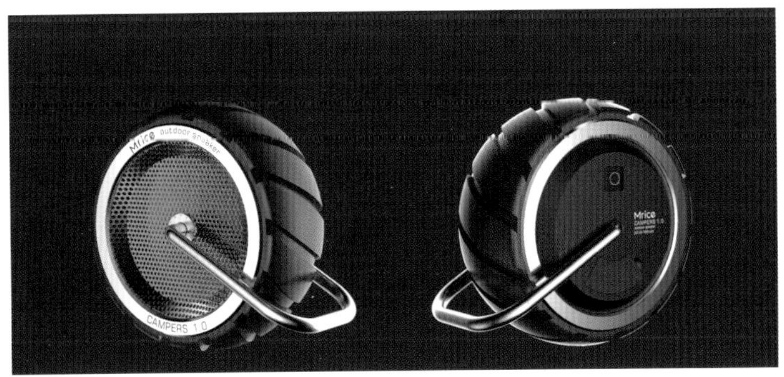

图4-3-4　Mrice露营者1.0户外音箱

图4-3-5　Mrice露营者1.0户外音箱分解拆卸图

4.3.6 动态性思维

系统是由内部子系统和要素构成的，同时持续不断地与外部环境要素进行着物质、能量、信息的交换，从而保持自身存在的活力。因此可以看出系统是一个相对稳定却并不孤立的动态的“活系统”，也就是说，由于系统要素与外界要素的相互作用，系统的各要素也处于时刻的变化和发展之中。这就要求设计师在进行设计的过程中时刻保持发展的思维，对产品设计过程中的各时间阶段加以研究，着重注意和强调要素之间的相互作用以及要素在时间和空间中的变化和发展。

例如，不同的时代会有不同的产品形式，产品的材质、结构、外观都会随着时代和技术的发展而改变，如图4-3-6所示，手机形式和操作方式的变迁就是一个典型的案例，无论是20世纪80年代流行的“大哥大”，还是之后流行全球的微型便携电话，抑或随信息时代而来的智能手机，都是技术发展的产物，随着科技要素的发展和变化而改变。

图4-3-6 手机形式和操作方式的变迁

4.3.7 优选性思维

优选性思维也称为择优原则，主要是指设计师在使用系统设计方法解决设计问题时应该统筹兼顾，本着“多利相衡取其重，多害相衡取其轻”的原则和思路，努力找到时间、空间等多要素集合的最佳峰值点。这就在两个方面对设计师提出了要求，首先是，在系统设计中应主动明确设计目的和目标。这是因为对不同的产品进行设计时，所要解决的问题是不同的，比如针对老年人的产品设计和针对儿童的产品设计对各要素的要求是不一样的，即使相同的产品也会由于需要解决问题的不同得出不同的解决方案，比如老年人手机和普通手机、儿童玩具和成人玩具等，因此在设计初期，明确的设计目标是优选思维的使用前提。其次是，在保持系统整体性思维的前提下，用科学的方法将注意力集中在最主要的要素的分析与强化之上，因为系统的要素并不是单一存在的，而每个要素之间又都存在着相互作用，因此在产品设计中必须要抓住重点，突出强化产品特色，并尽量弱化对相关功能产生负面影响的因素的作用。

优选性思维是系统设计方法中的主观思维方法，它使产品在设计过程中和结束后都具备突出的特性和整体的目标。其设计的核心是满足人的需求，而随着时间和空间的变化，人的需求也是一个无止境前进的过程，设计的评价标准也是相对于当时当地的情境产生的，因此优选性思维使产品呈现的突出特性只是相对的，并不是绝对的。

4.4 案例赏析：博朗的系统设计

讲到系统设计就必然会提到两个相关的名词："乌尔姆造型学院"和"博朗公司"。由于系统设计思想是乌尔姆造型学院提出的，并在其与博朗公司的合作中大量使用，所以本部分会通过一些博朗与乌尔姆的设计案例来解释相关概念。

系统设计是德国现代设计中一项里程碑似的贡献，其潜台词是通过高度秩序感的整合设计来调整混乱的设计对象，从而使杂乱无章的产品功能变得具有一定的关联性和系统性。早在20世纪20年代，格罗皮乌斯就曾经在包豪斯学校中提倡过此类设计，并为菲德尔公司设计了可以现场拼装的系列家具，可以说这是系统化设计的最早尝试。此后，乌尔姆造型学院更是将科学纳入到了日常的设计教学体系之中，从而真正、系统地发展出了系统设计的理论基础，并通过汉斯·古格洛特与博朗公司的合作进行了大量的生产实践，并创立了博朗公司著名的"秩序、和谐、经济"的设计法则，它们的使用都基于最基本的模数化单位，并在这个单位上反复发展，并形成完整的秩序化系统。从其理论根源来看，系统设计的核心是高度的理性主义、功能主义以及强烈的社会责任感。从形式上看，系统设计的产品几乎没有装饰特征，又被称为减少风格，正如拉姆斯所说，单纯的风格只是为了系统地解决问题的结果，并提供最大的效应，即最好的设计就是最少的设计。甚至在色彩上他都主张采用没有色彩倾向的黑、白、灰等中性色彩，因此系统设计又被理论界称为新功能主义。

1955年，杜塞尔多夫广播器材展览会上，博朗公司展示了与乌尔姆造型学院合作的首批成果，如一系列收音机、电唱机等产品，这些产品与先前的产品有明显的不同，外形简洁，色彩素雅。图4-4-1是1956年拉姆斯与古戈洛特共同设计的一款收音机和唱片机的组合装置，这件产品由一个全封闭白色金属外壳和一个透明的有机玻璃的盖子组成，因此又被称为"白雪公主之匣"。

随后古戈洛特和拉姆斯又设计了袖珍型电唱机和收音机组合，如图4-4-2和图4-4-3所示，这款组合产品与先前的音响组合不同，不仅因为它采用了精细化部件使产品更易携带，更由于它打破了以往电子产品一体化的拆装模式，使电唱机和收音机成为可分可合的标准部件，极大地方便了用户的使用和维护。这种模块化的设计也是以后高保真音响设备设计的开端。到了20世纪70年代，几乎所有的公司都采用这种积木式的组合体系。

除音响外，博朗公司还生产电动剃须刀、电吹风、电风扇、电子计算器、厨房机具、幻灯放映机和照相机等一系列家用产品（图4-4-4至图4-4-11），这些产品都具有均衡、精练和无装饰等产品特征。其在外观造型上，都直截了当地反映出产品的功能和结构特征；在产品设计中不仅要求其在功能上的连续性，而且要求有简便的和可拆卸组合的基本模块化形态，并通过系统设计使标准化生产与多样化的选择结合起来，以满足不同的需要。这就加强了设计中的几何化和可替换性（图4-4-12）。这些一致性的设计语言使博朗公司的产品具有了统一且简洁的家族化风格（图4-4-13）。

图4-4-1　"白雪公主之匣"

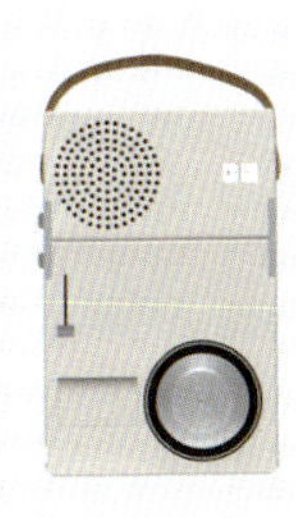

图4-4-2　袖珍型电唱机和收音机组合产品

图4-4-3　袖珍型电唱机和收音机组合产品展位实物拍摄

图4-4-4　博朗生产的收音机产品

图4-4-5　博朗生产的时钟产品

图4-4-6　博朗生产的打火机产品

图4-4-7　博朗生产的榨汁机产品

图4-4-8　博朗生产的计算器产品

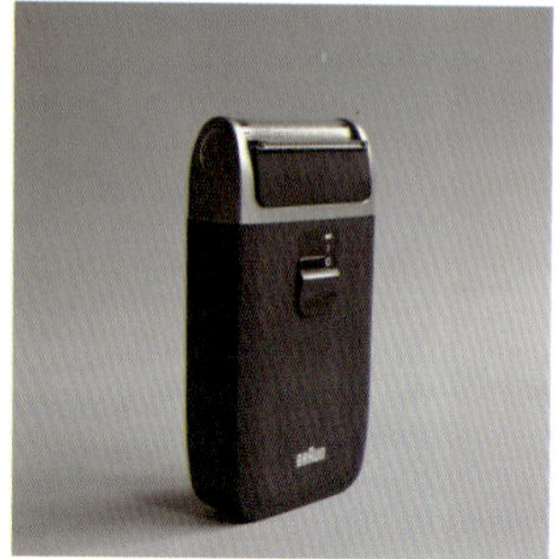
图4-4-9　博朗生产的电动剃须刀产品

图4-4-10　博朗生产的电视机产品

图4-4-11　博朗生产的咖啡机产品

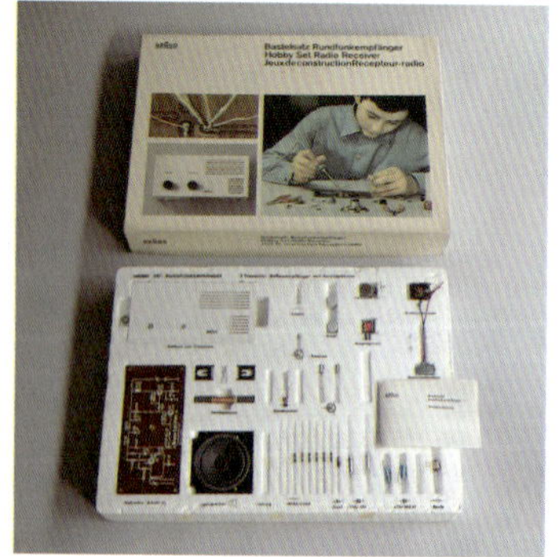
图4-4-12　博朗产品的模块化特征

图4-4-13　博朗产品家族化特征

思考与练习

1. 产品系统设计的思维方式有哪些？试通过具体产品来说明具体思维方式如何在其中体现。
2. 请以小组的形式，选择一件产品案例对其进行系统设计流程的分析。

第5章　产品系统设计方法

5.1 以用户为主体的系统设计

5.1.1 通用设计

通用设计又被称为无障碍设计。最早的无障碍设计研究可以追溯到20世纪30年代初，北欧的瑞典和丹麦等国家就曾设计并制作了一批专门为残疾人使用的公共设施并在本国进行投放。随后联合国在发布的《残疾人权利宣言》《关于残疾人的世界行动纲领》等国际文件中均强调了残疾人无障碍设施重要性等问题。而世界上第一个《无障碍标准》是美国于1961年设立的，此后英国、加拿大、日本、韩国等几十个国家和地区，相继制定和出台了关于残障人士的法律法规。

但无障碍思想真正开始被学术界研究是在20世纪70年代，自身残疾的美国建筑家罗纳德梅斯在他的一篇论文中从建筑设计的角度开创性地对无障碍设计进行了一些科学定义和研究。他认为，不管一个人在身体上是否有缺陷，缺陷对其行动上阻碍程度如何，在进行建筑设计时相关人员都要将这些人群和相关问题考虑进去，为其设计出尽可能简洁的使用方式和使用环境，并对其使用心理进行关注，这就构成了无障碍设计研究的理论雏形。1974年，联合国组织召开了国际无障碍专家会议，在对无障碍设计研究总结的基础上，正式提出了无障碍设计概念，并提出此后的发展任务。其主要针对的设计范围是建筑和公共设施，主要面向的人群是生理有障碍的残疾人和老年人群体。而国际标准机构也于1979年将残疾人的问题纳入了有关ISO一般规格的标准系列中，其主要内容可以概括为两个方面：一是对残疾人的分类和基本要求，二是对残障者的无障碍建筑物提出规范和要求。目前，经过长期的研究，无障碍设计已经形成了较为完整的设计理论和数据库，世界上的各发达国家对无障碍设施的建设已比较普及和完善，从中我们可以看出各国对无障碍设计及社会弱势群体的关注。

我国于1985年开始对无障碍设计进行研究，不仅制定了相关的法律法规，还积极地实施和建设无障碍环境和设施，并于1989年颁布了《方便残疾人使用的城市道路和建筑物设计规范》。在内地，地处东南沿海的开放性城市深圳是最早开展无障碍建设的城市。早在1985年，深圳市政府就要求在公共场所设置无障碍设施，比如在道路上修建盲道，在火车站和机场等人员密集和快速流动区设置相应的残疾人专用通道，在酒店、饭店等公共场所专门设置方便残疾人使用的客房和洗手间，在公园和旅游区设置轮椅等产品以保证残疾人能够观赏到主要景点，在住宅区设计楼门的无障碍通道和电梯，以实现残障人士居家的无障碍化。图5-1-1为城市的无障碍化设施。

当前，对无障碍设计的研究已经比较深入，涉及的范围也十分广泛，几乎囊括了人类生活的方方面面，比如建筑、环境、产品、标识、公共设施、城市规划以及网络信息等等。“The Drape Rope for Blind People”是一款专为盲人设计的窗帘拉绳（图5-1-2），传统的球形珠串成的窗帘拉绳对于普通人来说没有什么行为上的障碍，但是对于盲人来说就形成了很大的障碍，因为看不到物体，盲人无法准确地判断自己是否将窗帘打开或是关闭。这个作品的设计点在于设计师将圆形珠换成了水滴形珠，这个小小的改变就使得盲人可以不通过视觉感受，而仅仅根据珠头的朝向很轻松地判断出窗帘是向上开启还是向下闭合，不会再发生由于拉错方向而导致的尴尬和窘境。

图5-1-1　城市的无障碍化设施

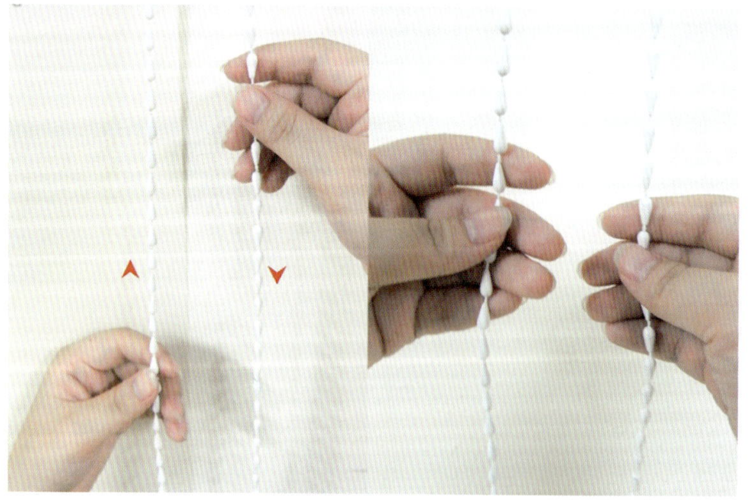

图5-1-2　The Drape Rope for Blind People　陈世昆、陈佩琪

无障碍设计大致可以归结为以下三类：无障碍设施（主要与建筑结合）、无障碍产品（如轮椅、拐杖等）以及无障碍信息（主要针对视力和听力有问题的使用者）。这三大类设计解决了现实生活中极具针对性的实际问题，为人们的生活提供了极大便利。其中值得注意的是无障碍设计由最先对实体产品的设计发展到了对虚拟的无障碍信息的设计。这是随着现代网络信息技术的发展而出现的新无障碍设计对象，也是随着无障碍研究的深入，将肢体障碍和视听障碍的使用者进行细分的结果。网络和各种信息技术为人类带来了巨大的便利，然而对于视力残障者和听力残障者，他们却与现代的计算机和网络技术隔绝着，如何让视听障碍者也能平等地享受信息时代为人类带来的便利，目前最好的解决方案就是对信息进行无障碍的设计。

信息无障碍主要是指任何人（无论健全人还是残疾人）在任何情况下都能平等地、便利地获取信息并使用信息进行交流。其中主要涵盖两个范畴，首先是信息技术产品的无障碍（以无障碍思想进行设计的电子产品），第二是网络信息的发送和获取的无障碍（虚拟网络使用的无障碍化设计）。两者相互兼容，共同推动无障碍设计在信息领域的发展，使其能更加便利地为人使用。

在手机更新换代频率越来越高的今天，各大手机厂商为抢夺市场份额，从“屏幕战”打到“硬件战”，又从“硬件战”打到“价格战”，在消费者收益的同时又促使各厂商积极地对自身产品进行更为创新和细化的开发，如小米就在其手机产品中推行了“一机双模式”，即手机中包含正常模式（图5-1-3）和极简模式（图5-1-4）。极简模式顾名思义就是操作界面极其简单易用的一种模式，其主要针对的是老年人群体，主界面中就仅有电话、短信、相机、音乐、图库等功能，基本满足了老年人用户的需求，同时在设置页面增加了安心锁功能，防止老年人对桌面的误操作和无法恢复的情况，这对于与智能机接触较少的老年人来说比较适用。同时，为了适应老年人视力下降的状况，界面中所有的字体都进行了适当程度的放大，并且还设计了语音播报功能，即在有电话拨入时手机可以进行语音播报、告知联系人姓名以及信息内容。

图5-1-3　正常模式

图5-1-4　极简模式

目前，世界各国对无障碍信息设计的研究，已经达到比较成熟的水平，其对于弱势群体顺利进行信息获取和反馈的方式和渠道给予了相当的关注，并渗透到了日常各项工作之中，比如美国、英国、日本、意大利等国都制定了相关的法律法规和标准，来推动信息的无障碍化，规范无障碍电子设备市场。到目前为止，主要的无障碍信息技术有：Home Page Reader、Easy Web Browsing、WebAdapt2Me和aDesigner等，这几项技术主要都是为方便视觉残障者有效地获取互联网信息并进行相关的互动而设计的。其主要是通过借助自带的语音功能朗读网页上的内容以及改变网页的字体、字号、颜色、去除繁杂的动画等方式，帮助盲人和弱视者顺利使用互联网。

无论是实体的无障碍设施和无障碍产品设计，还是虚拟的无障碍信息设计，都是目前发展较为成熟的研究方向，由于其与人们的日常生活关系密切，因此最早受到研究者和设计师的关注。然而，从宏观的角度看这些研究方向，几乎都属应用方面的研究和设计，对残障者等弱势群体的心理关注和研究却相对较少。比如，某些无障碍设计虽然在功能上满足了残障人士的行为需求，却为其带来了心理上的压力，因此对无障碍设计进行哲学和心理学层面的思考，同样是非常必要的。如果我们再将思路扩大，就会发现其实每个人在某些特定的环境和场合中都会存在一些不那么顺畅的障碍，一切产品和设计都不可能360°无死角地解决每个人、每种环境下的问题。任何人都会在某一特定的时间和环境中成为“暂时不健全的人”。例如，在光线不好的环境下，具有正常视力的人识别物体的能力就会下降，这从某种意义上来说就等同于视觉障碍者；某人因肢体的暂时性损伤而无法进行简单的肢体活动或操作，在一段时间内会等同于肢体残障者；某人在一个不同的文化和语言背景环境下，会出现暂时的交流困难和语言障碍，这在某种程度上就等同于聋哑人的状态。因此，无障碍设计在未来的研究和发展中会进一步地发展成为大众而做的设计，即向通用设计发展，以期扩大设计受众和市场潜在价值，使所有社会成员都能公平、自尊、独立、便捷地参与社会生活。

“DONUT”是一款新型插座设计（图5-1-5），它是基于韩国的双孔插口进行的设计。在我们的生活中都有这样的体验，那就是我们在将插头向固定插口中安插时，往往不会很顺利地一次性插入，在光线强的环境下，这种问题还不太明显，一旦光线较弱，问题就会凸显出来，并且我们在家装时也经常为了美观考虑，而将插口安放在比较隐蔽或者可以用家具遮挡的地方。设计师就是从这样的通用设计的设计点出发，为大众设计了“DONUT”，把传统的韩国两孔插口改成了圈状凹槽孔，它可以使任何人在任何时间、角度和环境下，轻松地将插头插入插口之中。

图5-1-5　DONUT　Suhyun Yoo、Eunah Kim、Jinwoo Chae

5.1.2 人性化设计

人性化，顾名思义，是一种以人为中心的思维方式和理念，它几乎可以涵盖人类社会的方方面面，比如，产品的人性化、服装的人性化、居住空间的人性化、工作方式的人性化、规章制度的人性化，等等。而人性化设计主要是指从设计的角度对人性化思想进行的一种实践，即在保持设计作品原有功能需求的前提下，通过对人的行为习惯、生理结构、心理结构、思维方式等知识的认知和学习，对现有产品进行优化和改进，从而使使用者更加方便和愉悦地使用产品，是设计者人文关怀的体现和对人性的充分尊重。

在漫长的大工业生产时代，人性化的概念还没有被提出，产品中的人性化因素更没有得到应有的重视，产品工具和规章制度都更多地需要人改变自身因素去适应。比如，每天12小时的工作时间和冷漠的机械化的流水线，不仅造成了工作者的身心疲惫，更使很多工人患上了职业病；非智能化的机器增加了潜在的危险系数，甚至造成了很多工人身体上的残疾。虽然我们现在已经无法切身感受其中的痛苦，但是通过一些影视作品可以看到一些端倪，图5-1-6是著名喜剧演员查理·卓别林的代表作——《摩登时代》的电影图片。这部电影讲的是在20世纪20年代正值经济大萧条的美国，查理作为一个生活在社会底层的普通工人，为生活和生存苦苦挣扎的故事。为了每个月能得到仅够填饱肚子的佣金，他每天都努力甚至发疯般地工作。而与此同时，公司的管理者也开始疯狂地压榨员工的剩余价值，昏天黑地的工作使工人们开始麻木。查理的工作是在流水线上拧六角螺帽，每天重复单调甚至机械的工作，使他眼睛里唯一能看到的东西就是一个个转瞬即过的六角螺帽，并且这种状态还延伸到了他的生活中，查理只要看见六角形的东西就会情不自禁地去拧，甚至是女士裙子上的六角形纽扣。但即使这样，工厂的管理者还是觉得工人的工作效率低，于是引进了所谓的喂饭机，并美其名曰：方便工人提高工作效率。这个机器可以在最短的时间内使工人吃完饭，这样自然而然就可以省下大量的时间用于工作。谁知道在查理作为试验者试机时，机器却出现了故障，不但无法停止还开始发狂，不但无法为人提供便利还带来了极大的安全隐患。最终，查理还是失业了，他极不情愿但又无可奈何地成为失业大军中的一员。随后在大街上游逛的他阴差阳错地成为工人示威运动的领导者，但依然无法改变自己的命运。查理在痛定思痛地思考之后，发现唯一不用担心饿死和操心生计的地方是监狱，于是他又开始策划如何进监狱。在各种努力都无果的情况下查理搭救了一个偷面包的流浪女孩，并获得了爱情，两人相依为命一同度过这个“摩登时代”。看似滑稽、荒诞的喜剧，却包含着一个普通的生命个体对大机器化生产和社会制度中的人性化缺失的控诉。

图5-1-6　电影《摩登时代》图片

随着科技的现代化，传统大工业开始转型升级，信息化时代带来丰富的物质体验的同时，也改变了设计师的设计理念，产品的人性化设计成为现代工业设计领域里的重要趋势之一。人性化设计的中心理念是设计以人为中心，这就成为传统工业设计向现代工业设计转变的节点，完成了从“人要适应产品”到“产品要适应人”的历史性转变，具有重要的现实意义。

设计作品Smooth Cove（图5-1-7）是一个防止鞋跟被卡的水道盖子设计。水道盖子又名“水箅子”，它的产生是出于对建筑物周围的排水需要，为了美观和安全，人们就发明了这种钢铁材料制成的带有条状空隙的盖子。条状的空隙是为了便于水道入水和残水的蒸发而专门设计的，但是这就带来了一个潜在的危险因素，那就是穿高跟鞋的时尚女士会发生鞋跟卡在空隙里的事情，并且发生的概率很高，同时还有调皮的小孩把脚卡在里面的危险状况发生。Smooth Cove就是根据这个生活中不人性化的产品而进行的设计，创意从问题的发生点出发来进行解决方案的提出：现有的水道盖子为什么会卡鞋跟？主要是因为盖子上垂直的条状空隙在作怪，如果去掉条状空隙就会造成盖子无法排水，而出现本末倒置的现象，但是只要将这些格子改成倾斜排列，盖子依然可以无障碍地排水，但是再要想把鞋跟或者脚卡进去，可就不太容易了。除此之外，还能避免大型垃圾通过缝隙掉入水沟造成阻塞，如果钥匙、手机、钱包等重要物品掉落也可以轻松地捡起，而不至于掉进水沟造成不必要的污染和损失。

图5-1-7　Smooth Cove　陈彦廷、叶鑫

图5-1-8　Fundamental Information　黄品甄、赖忠平、叶铭泓

设计作品Fundamental Information（图5-1-8）是机打电影票根的设计，这个作品也是从日常生活中的细节入手而进行的设计。我们都有这样的生活体验，就是当我们匆匆忙忙地走进电影院的放映厅的时候，常常会遇到忘记自己具体的座位号码的情况，而黑暗的影厅里只有微弱的荧幕光，我们根本无法看清楚票根上写的是什么。这时机打票根的设计就显得人性化十足了，它利用打孔的方式来呈现座位号码，在黑暗的放映厅里，我们只需要将票根拿出，并朝向荧幕让光线穿过票根，就能很清晰地看到具体的座位信息。

世界卫生组织估计，注射剂作为常用的治疗，世界上每年施用约120亿人次，而其中50%是不安全的。许多因素造成不安全注射，特别是使用未经消毒和重复使用的注射器。由于不安全的注射导致疾病的传播，一次性注射器已成为一个严重的公共卫生问题。此款新型一次性注射器设计（图5-1-9）出于对人类安全的考虑，防止注射器重复使用。在使用过程中，打开注射器塑料包装，黄色线被撕掉，留下红色线和“已使用”字样粘在注射器简身上，在回收包装时易出现图样错位，回收成本高，可较好地杜绝恶意回收，使用者可以凭此辨别是否是回收使用的注射器。

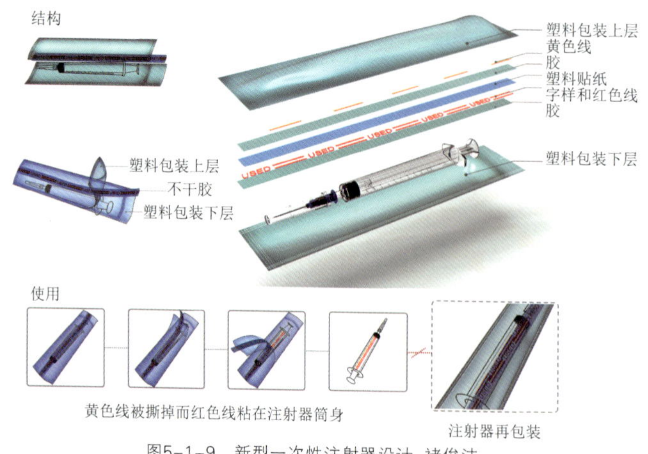

图5-1-9　新型一次性注射器设计　褚俊洁

5.1.3 情感与体验设计

情感是人与外部环境要素的相互作用中自身产生的一种生理和心理反应。《心理学大辞典》中认为："情感是人对客观事物是否满足自己的需要而产生的态度体验。"它主要是由自身的需求和内心期望决定的。当需求和期望得到满足时会产生愉悦和喜爱的情感，反之则会产生苦恼甚至厌恶的情感。

使用不同的分类方式和角度可以将人类的情感划分出多种形式，其中最早期也是最简单的分类形式是情绪二分法，即将情绪分为正向情绪与负向情绪。而在这些分类的方式中，最著名的就是20世纪80年代心理学家罗伯特•普拉切克提出的被称为"情感轮盘"的分类模式，将人类的基本情感元素分为8种，即愤怒、害怕、悲伤、嫌恶、惊奇、好奇、接纳和欢愉。通过对不同强度的情感表现和不同个体的情绪相互影响产生的新情绪的研究，阐释情感元素之间的内在关系，被称为最具影响力的普通情感反应分类法之一。

如图5-1-10所示，是美国著名心理学家罗伯特·普拉切克的"情感轮盘"模型，其中左上角的三维锥体模型表达的是情感概念之间的内在关系，颜色与色环上的颜色是对应的。圆锥体的纵向垂直高度代表各情感元素的强度，圆圈代表的是相似情感之间的不同程度。根据该理论界定的8个部分来诠释这8种不同情感的维度，而位于色环中空白部分的情感名称则是两种基本情感元素的混合情绪元素。

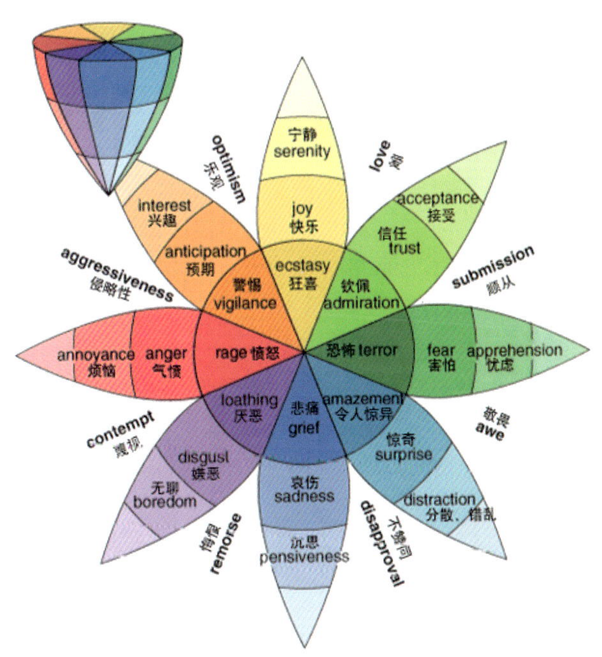

图5-1-10　"情感轮盘"模型　罗伯特·普拉切克

"情感化设计（Emotional Design）"一词最先是由美国西北大学教授唐纳德·诺曼（Donald Norman）在其同名著作中提出的，其力求从研究情感与设计的关系的角度出发，深入分析和展示情感因素在产品设计中的重要作用，并试图总结将情感因素融入设计作品的原则和方法，从而使设计作品更加充分地表达人本主义思想和人性关怀。

实际上，情感化设计又是一个从人性本质入手的情感认知衍生到设计活动范畴中的提法，即在设计者的造物活动中，在保证产品基本功能的前提下，赋予产品相应的精神功能，使产品在与使用者的互动过程中向用户传递某些符合用户心理需求的信息，从而激发用户正面、积极的情感要素。情感化的产品设计应该满足人的精神需求，而且这种需求是相对稳定、深刻的。例如，具备情感化设计的产品可以使潜在的用户在初次看到时，就被深深打动和吸引，使其在心理和情感上获得某种满足和愉悦感，从而进一步产生购买动机和使用热情。产品的情感化设计正是为冰冷的产品加入“画龙点睛”的情感要素。

马斯洛需求层次理论提出人类有生理、安全、爱与归属、自尊和自我实现这五个不同等级层面的需求，人的本性从知觉心理学的角度也可以被划分为三个维度或层次的特征，即本能、行为和反思。如图5-1-11和图5-1-12所示，本能水平层级主要是指产品在视觉上给人带来的感官刺激， 其中包括外形、颜色、材质等要素，使潜在受众在未接触产品的情况下对该产品产生快速、初步的感官印象，如产品的好与坏、安全或危险、新潮或守旧等，并向肌肉（运动系统）发出适当的控制信号，使身体作出相应的行为反应，这是情感加工的起点，主要是由本能的生物因素决定的。行为层次则主要是指消费者通过学习和掌握必要的产品使用技能，在产品使用的过程中触发情感要素，获得相应的乐趣和成就感等。值得注意的是行为层级的活动可由反思层级来增强或抑制，进而增强或抑制本能水平层级。反思层级是最高水平的情感层级，这个层次是由于前两个层次的共同作用，在消费者内心产生的更深度的情感、意识、理解、个人经历、文化背景等多种因素交织在一起的复杂情感层级。

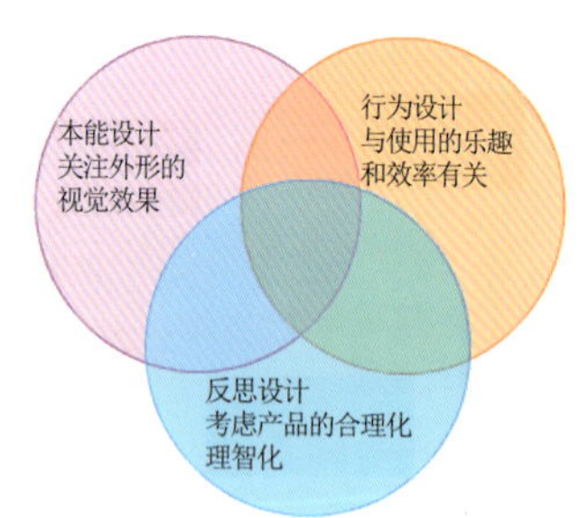

图5-1-11　本能、行为和反思设计的环状关系图

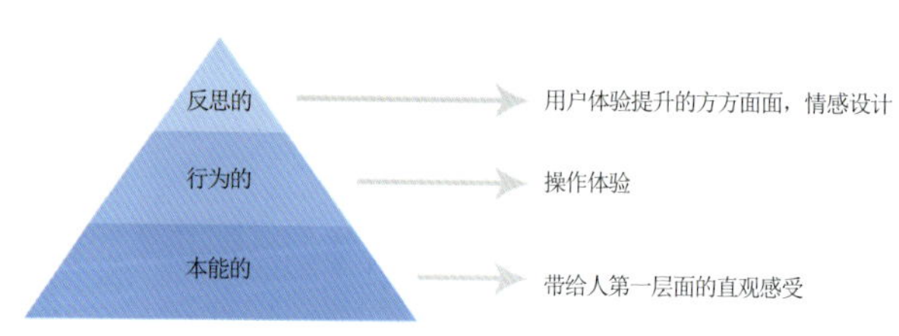

图5-1-12　本能、行为和反思设计的金字塔层级

同样的，设计产品与之对应也可以被划分为三个由低到高的不同特质的层级，即产品的功能性、使用的愉悦性、用户的依赖性，而情感化设计则是其层级上升的必要方法和手段。

用户体验主要是指在产品使用过程中用户对产品建立起来的主观心理感受，它贯穿于产品设计与创新的整个过程之中。用户体验并不是指具体某一产品本身是如何工作的，而主要是指产品在被使用的过程中如何与外部要素发生相应的联系，并在建立和保持联系的过程中对使用者的心理情感发挥作用。虽然用户体验具有个体的主观性，但对于群体的消费者来说，用户体验同样具有较强的普遍性，并且可以通过设计来实现和优化用户体验感，即以用户能接受、听得懂、乐意做的方式进行互动。“未来的产品，必须取悦用户的心，而不是大脑。”换句话说，成功的用户体验是让用户体验到“爱”，即设计师对用户的关爱，细心地发现和解决经常发生却常被忽视的细节，又或是给用户带来里程碑式的全新体验，而不仅仅是从逻辑上告诉使用者所购买的产品的性价比是如何的高、如何的“物超所值”。

用户体验设计就是将消费者参与作为一个重要的要素和考量标准融入产品的设计之中，企业把服务作为“舞台”，把产品作为“道具”，把环境作为“布景”，使消费者在商业活动过程中感受美好体验的设计。用户可以直接或间接地参与并影响产品的设计和改进，从而打破了原有的用户被动地等待设计的情况，真正地体现了设计与用户的互动性，从而保证了用户的实际需求。

在科技快速进步的今天，冰冷的、缺乏人情味的产品设计阶段已经过去，设计的准则也从“形式追随功能”向“形式追随情感”转变，人们对生活的认知发生了巨大的变化，从对产品的功能层面的需求逐渐上升到精神需求的层面，而设计师也普遍通过提高产品的用户体验感来增加使用者对产品的情感化需求和体验。借用最近在交互设计圈里很流行的一句话就是“好的产品关注功能，优秀的产品关注情感和用户体验”。因此，情感化往往和用户体验密不可分而又相辅相成。

2006年，日本著名设计师原研哉曾在中国出版过一本设计专著《设计中的设计》，其中有这样一个案例讲的是设计师佐藤雅彦重新设计日本机场出入境专用章的故事。入境章似一架向左的飞机（图5-1-13），机体部分由刻有相关信息的数字和字母组成，而与之相反，出境章则似一架向右的飞机。设计师通过这样一个温暖的、满怀人情味的方式改变了日本曾经采用的通过圆章和方章来区分出入国境的时代。海关通过这两枚小小的印章，将这种视觉化的、充满人文关怀的善意传递给每一位进出国境的旅客，这便是产品设计中通过提升用户体验感的细节与用户直接进行情感化传递的结果。

另外一位日本设计师深泽直人所做的果汁包装设计与佐藤雅彦的设计在增加用户体验感和情感化方面有异曲同工之妙。图5-1-14所示是日本设计师深泽直人设计的果汁饮品的包装，它的特别之处在于从视觉上打破常规。我们知道一般的纸质饮料包装无非都是一个长方形的盒子打上自己的宣传广告和品牌，这种同质化现象带来的一个问题是消费者很难从远处对产品品牌进行有效的区分，使得用户的体验感相对较差，再加上口味大同小异，因此消费者就很难对某一品牌产生情感上的认可和依赖，而深泽直人的设计却微妙地启发了用户对果汁饮品的原始感觉及情绪，从而引起消费者的购买欲望。

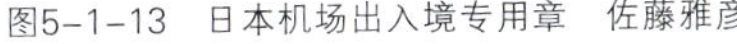

图5-1-13　日本机场出入境专用章　佐藤雅彦

图5-1-14　香蕉、猕猴桃饮料包装　深泽直人

5.2 以产品为主体的系统设计

5.2.1 功能拓展设计

功能拓展设计是指通过设计对原有产品的使用功能进行拓宽，以满足使用者的新需求和功能趋势的新变化，从而避免原有产品由于功能落后所面临的市场淘汰。具体来讲，它是将多种功能合理融合而形成的，从而

超越最初每个单一功能的一种设计方法和形式。值得注意的是，产品的功能拓展并不是产品功能简单地叠加和组合，而是设计师在深入研究人们的行为过程后对产品进行的创新性设计，不仅使产品在原有基础上增加了附加功能和价值，还满足了使用者对个性设计的需求，是一种为满足不同时间、空间、人群的多元化需求的设计实践和探索活动，体现了中国传统的“一物多用”思想。

如图5–2–1所示，是功能拓展设计中的两大设计趋势，这两条轴线可以被简单地概括为时间轴和空间轴（使用范围轴）。时间轴很好理解，就是指产品通过功能拓展设计后可以有效地延长使用时间。而空间轴则主要是指通过功能拓展设计增加和扩大产品的使用范围，这种使用范围的扩大，不仅是简单的、硬性的扩大，而是通过对产品形态和结构的改变，达到使产品发生形变后成为另一类产品的目的，从而满足不同的使用需要和使用人群。

图5–2–2所示为Stokke Steps儿童成长座椅，这款设计作品是功能拓展设计中从时间坐标上进行拓展的设计作品，它可以伴随儿童不同成长阶段而持续使用。通过一个高度灵活的产品系统，使产品通过形式的变化满足了儿童从出生到青少年期的成长需求。这个多变的座椅，可以是一个婴儿助行器；当连接到椅子上时立刻变身为一个婴儿躺椅；同时它还是一个可调节的儿童高脚椅。多功能的设计让这款儿童座椅富有想象力和建设性，通过一款产品，就可以解决儿童成长过程中多个阶段的需求。

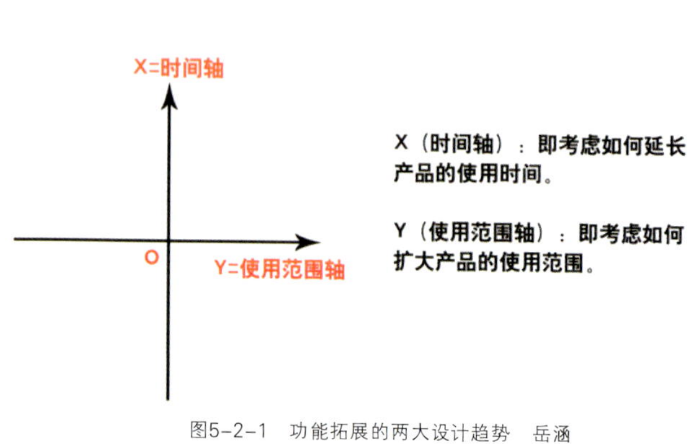

图5–2–1　功能拓展的两大设计趋势　岳涵

图5–2–2　Stokke Steps儿童成长座椅设计
Permafrost designstudio设计公司

图5–2–3所示是瑞士军刀的明星产品——瑞士冠军（Swiss Champ）。瑞士军刀常被称为万用刀，是功能拓展设计中纵向空间轴的经典案例作品，由于瑞士军方的采购和使用而得名，它是将众多工具集于一个刀身的折叠刀设计。在瑞士军刀中的基本工具常为：主刀、小刀、铰剪、开瓶器、木锯、小改锥、圆珠笔、牙签、开罐器、螺丝起子、镊子等。随着时代的发展，一些新兴的电子设备也被引入瑞士军刀中，如激光、手电筒等。要使用这些工具时，只要将它从刀身的折叠处拉出来，就可以使用。

图5-2-3　瑞士军刀产品——瑞士冠军（Swiss Champ）　Victorinox公司

“瑞士冠军”是瑞士军刀产品中功能最多、应用范围最广的型号。非常适合使用者进行野外考察、旅行探险、旅游度假、宿营驻扎等。由于功能全面、设计精巧，“瑞士冠军”就像一个万能工具箱，在需要时可以组合出各种应用工具来。它也因此被称为瑞士军刀产品中的经典作品，被美国纽约现代艺术博物馆和德国慕尼黑应用艺术博物馆收藏。

由于功能拓展设计具有“一物多用”的特征，因此它客观上就具备了以下三种特征。

（1）资源的节约性

从产品满足需要的角度来看，功能拓展设计是将多种功能融合在一个产品中，与多个单一功能产品的叠加相比，不仅拓宽了产品的适用范围，延长了产品的生命周期，还促进了资源的充分利用，有效降低了生产资料的使用，从而节约了大量人力、物力资源。

（2）功能的便利性

功能的便利性主要是从消费者角度进行考虑的，使用者通过对产品的购买行为，实现了个人多种需求的满足；通过对产品功能的自由转换，满足不同使用者在不同时间、空间的需求，为使用者带来生活的便捷。

（3）使用的趣味性

功能拓展的设计产品可以通过功能的自由转换，增加产品操作过程中的新鲜感，为使用者在使用过程中增加趣味性和探索性体验。

功能拓展设计产品除了应具备以上设计特征之外，在设计创作中还应该遵循以下设计原则：

功能结合的科学性原则。功能拓展设计中各功能不仅要能够满足使用者的多种需求，还要在功能设计时考虑各功能之间的合理关系，按照有机整合的思想，将定位人群、使用环境等要素与功能性结合，尽量避免各功能之间简单生硬的相加。

功能切换的便利性原则。在设计产品各功能之间相互转换时，要尽量做到使使用者便捷、自然、简单易懂地进行转化，如果在功能转化中不能做到使大部分使用者方便地转换功能满足需求，那这些功能就成为一种多余的“鸡肋”，终将遭到使用者和市场的抛弃。

5.2.2 材质创新设计

当原始人开始尝试制作工具时，设计便开始了。而在设计中人们有计划、有意识地使用工具和原材料进行一定目的和价值的物质创造，就被称为“造物”。今天，设计不仅渗透到人类生活的方方面面，还影响和改善着人类的生存状态和生活方式，而这所有的一切，都离不开设计材料的发展和运用。材料是伴随着人类社会的发展一步步由低级程度走向高级的。人类在为了生存和发展而进行的一系列生产活动中，通过不断实践和总结，在制陶技术的基础上又先后发明了冶金、制瓷、造纸等技术。而开发和使用的材料也从最早的泥土、石器，发展到了铜器、铁器以及人工合成材料，形成了一个规模宏大的互相渗透的材料体系。人类社会的发展也随着材料的使用阶段先后经历了石器时代、陶器时代、铜器时代、铁器时代而后进入人工合成材料时代。材料的开发、使用和完善贯穿其始终，成为人类赖以生存和生活的不可缺少的重要组成部分，它是人类文明和时代进步的标志。

材料是结构形式和功能的物质载体，也是产品设计的物质基础。随着科学技术的迅猛发展，人类开发了大量的新材料，并引入到产品设计中，新材料、新产品、新功能、新形态层出不穷。在诸多设计材料中，各种材料都具有其自身的材料特性，并因加工处理各异而体现出不同的表面属性和美学价值，进而影响产品形态设计。任何一种产品形态设计只有与选用材料的性能特点相一致，才能切实地实现设计目标。新材料会产生新设计和新形式，给人们带来全新的视觉、触觉感受和更为丰富多彩的想象空间。

在工业设计领域，新材料不仅对产品造型设计有着不容忽视的影响，新材料的出现，也往往会引起产品功能的变革。新材料不仅仅是产品造型的载体，更是提高产品性能、改变原有产品属性的关键因素。图5-2-4所示是法国Tefal（特福）公司生产的不粘锅。Tefal（特福）公司在1954年生产了世界上第一款不粘锅，就是得益于特氟龙材料（Teflon）的发明。

一般而言，产品的设计包含功能设计和形态设计两个方面。产品的功能设计要求产品所体现的功能要与材料的属性相契合，才能更好地传达出产品的本质功能。图5-2-5所示是美的（Midea）电热水壶内胆广告图，热水壶的内胆由于需要考虑高温受热和现代人对饮水安全的关注，只能采用食品级的不锈钢材料，以保证材质耐热且无有害物质析出。而产品的形态设计方面除了要考虑材料的成型工艺对产品造型的影响，还需要考虑材料本身所体现出来的质感、色彩、肌理等特征是否能准确地体现产品的设计特征和设计初衷。只有充分了解材料的特性并加以合理组合，才能使设计的产品好用、实用。

图5-2-4　不粘锅　法国Tefal（特福）公司

图5-2-5　美的（Midea）电热水壶内胆广告图

因此，在产品设计中对新材料的选择和应用可以归纳为以下几项原则和标准。

（1）产品功能对材料的需求

产品功能是产品设计中重要的影响因素，因此在产品选材时必须了解材料的各种性能，包括材料的常规力学性能、耐热性、防侵蚀性能等，以达到材料的特性与设计的产品功能相一致。

（2）用户情感对材料的需求

当今社会是一个注重人性化的时代，人们的感受、体验、情感越来越受到重视。材料是构成产品的物质基础，除了具备功能特性外，还具有特有的材质感与情感。随着市场上同类产品竞争的加剧，人们对于产品的选择也从过去单纯的功能考虑转化为情感层次的追求。同样的产品，采用不同的色彩材质，往往可以使产品呈现出截然不同的面貌。如玻璃、钢材可以表达产品的现代感和科技气息，但会给人冰冷、没有人情味的感受；木料可以表达自然古朴、人情意味，给人以温暖、舒适之感；塑料成型工艺成熟，形式多样，且造价低廉，通常给人轻便、廉价的感觉。材料的性能特征将直接影响产品的最终视觉效果和带给人的心理感受。

（3）环境对材料的需求

这里的环境主要包括两方面的环境，首先是自然环境，材料在使用过程中和废弃后的处理都是产品设计之初需要考虑的要素，绿色环保材料应该能够提高效能，延长生命周期，减少产品的淘汰率，减少对环境有破坏和有污染的材料的使用。其次是产品的使用环境，不同的使用环境会对材料有不同的要求，因此设计师在进行材质方面的设计应用时，必须充分考虑环境要素的影响。

（4）市场创新对材料的需求

材料是构成产品最本质的要素，也是消费者在产品购买环节最先接触和影响购买的要素，因此新材料应用，不仅可以赋予产品更优良的性能，还可以提升产品的质感和视觉感受，使产品的形态更加新颖，给人耳目一新的视觉感受和用户体验，从而提高了产品的市场占有率。

设计作品Transformable mat杯垫（图5-2-6），是受到某些植物的叶子能在受到刺激后张开或者合拢的现象启发而产生的灵感概念。荷叶形态由特殊的对温度敏感的合成材料制成，具有很好的柔韧性。根据热胀冷缩原理，当装有热水的杯子放在Transformable mat上时，它受热后很快产生较大形变，边沿向内弯折并贴到杯壁上，表面模拟荷叶叶筋的纹路部分较其他部分更薄，进一步强化了弯折与贴合的效果，这样杯垫便包裹在杯子上，当拿起杯子时，就起到隔热作用，防止手被烫伤。而当杯子搁置一段时间后，温度下降，Transformable mat便逐渐恢复到原来平展的状态。

图5-2-6　Transformable mat杯垫　陶骏、高珊珊、李冰

5.2.3 结构工艺设计

产品结构是构成产品各要素之间关系的具体体现。由于产品是由多种构成要素按照一定的形式和关系进行的组合，因此产品的结构又可以被看作构成产品的零件形式以及零部件间的组合联结方式。任何产品都有其自身独有的结构工艺，并为产品功能的实现和形态的表达奠定了基础。

产品的结构主要可以分为三个部分：内部结构、外部结构以及系统结构。内部结构又称为核心结构，它主要是指支撑产品实现某些功能和技术的结构支撑，一般不会和使用者发生直接的联系；外部结构主要是指产品的表面与用户关系最为密切的产品结构，它不仅起到传达产品功能的作用，还能够在客观上刺激消费者的购买欲望；而系统结构则主要是指产品各要素之间的关联关系，它着眼于构成产品的各环节和各要素之间的相互作用关系。

产品的结构工艺设计主要是针对这三方面的设计。一个产品的好坏是由产品的实用性决定的，因此，产品的结构工艺设计首先是产品功能（内部结构）的设计，其次才是产品形态（外部结构）的设计。产品实现其各项功能完全取决于一个优秀的内部结构设计。产品结构工艺设计是整个产品开发过程中最复杂的一个工作环节，对产品的产生和评价起着至关重要的作用。设计师既要充分考虑构成产品的一系列关联零件的组合关系，以保证产品各项功能的实现，又要考虑产品结构的紧凑和外形的美观；既要使产品安全耐用、性能优良，又要易于制造、降低成本。产品的结构工艺设计不仅是一门科学，还是一门视觉化的艺术；不仅表现出产品的使用功能，还向消费者传达出一种产品文化。

图5-2-7所示是前苏联设计师弗拉基米尔·塔特林（Vladimir Tatlin，1885—1953）设计的第三国际纪念塔，其由钢铁和玻璃制成，通过圆筒部分以不同的回转角度和形式组成金字塔式的螺旋状高塔，将内部与外部融通汇合起来，堪称当年时代精神的纪念塔，是技术和艺术的结合。其将纯艺术形式（绘画、雕塑、建筑）和实用融为一体，充分表达了塔特林的构成主义设计观和前苏联的无产阶级艺术标准，是通过结构工艺设计传达思想文化的典型案例。

图5-2-8所示是名为Movy的一款梯椅，它是设计师利用结构工艺对产品进行功能设计的一个案例。Movy由两个活动部分组成：靠背和位于下方的底座，两者之间连接的地方可以沿轴线旋转。在平时它就是一把普通的椅子，但当你需要用梯子时，只需扶住靠背，沿轴向旋转180°，椅子就可以变身为一个梯子，简单实用，节省空间，适合小户型家居者使用。

图5-2-7　第三国际纪念塔　弗拉基米尔·塔特林

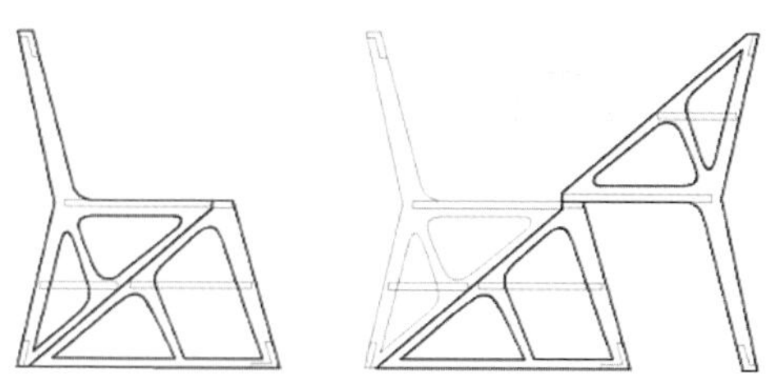

图5-2-8　Movy座椅　Artem Kravchenko

5.2.4 集约化设计

“集约”一词来源于经济学，本意是指在充分利用一切资源的基础上，更集中合理地运用现代管理与技术，充分发挥人力资源的积极效应，以提高工作效益和效率的一种形式。1958年苏联经济学家第一次引用“集约”一词，并将其释义为：在社会经济活动中的相同经济范围内，通过提高经营质量，增加要素投入以及调整经营要素的组合方式等手段，提高经济效益的一种经营方式，即通过对经营要素的合理调节，来实现最小的成本投入和最大的资金回报。

而集约化思想应用在设计中，则主要指产品在设计之初对各要素和组成部分进行归纳和统筹。它是现代设计中常用的一种设计方式和手段。由于功能实现的复杂化，很多时候一项活动的完成需要多个产品相互配合，因此集约化可能是若干产品的统一收纳，也可能是同一产品不同部件的排列组合。无论何种情况和方式，其核心思想都是通过集约化设计，将产品的多样性统一在和谐的秩序之中。

集约化设计的表现形式大致分为以下三类。

（1）通过集约化对相同产品进行组合

同一类产品在大量生产和使用时，必然会出现移动和存放的问题，如果不能进行恰当地解决，再优秀的产品也会遭到市场的淘汰。图5-2-9所示是“Warning cone”新式路障设计。在日常生活中，我们经常会遇到各类道路施工的现象，在所有的施工区或者危险区域，为了提醒行人前方无法通行或有危险隐患，通常会在现场放置很多警示路障，但是这就带来了一个问题，即现有的圆锥形路障并不能很好地适应大量的运输和搬运工作，这给施工方带来了很大的麻烦，增加了人力物力的投入。“Warning cone”就是以这一问题作为设计点进行创意设计的，它首先对传统路障进行了再设计，改变了路障的圆锥形态，使其变为可以折叠的三块塑料板，通过一个集约化的整装箱将其连接和收纳，就完美地解决了传统路障不便携带和运输的现状。

（2）通过集约化对系列化产品进行组合

系列化产品，尤其是成套的系列化产品为了便于使用，常常使用集约化的方式进行组合，以便于移动、收纳、储存、使用和展示。而其中又细分为两种方式和手段。首先是通过设计的创新形式，使系列化产品本身具有一定的集约功能，比如俄罗斯的传统玩具“套娃”，在系列化设计单元中我们会对其进行重点讲解。其次是通过一定的媒介进行系列化产品的集约，比如采用产品固定包装的方式将独立的系列化产品归纳其中，形成一个可拆装的整体。图5-2-10所示，是pebeo（贝碧欧）生产的水彩颜料，它就是通过集约化的设计方式将不同的颜色统一在同一个塑料包装之中。

图5-2-9　“Warning cone”新式路障设计
Ma Yung Chuan、Huang Kuei Ya

图5-2-10　pebeo（贝碧欧）水彩颜料

（3）通过集约化对非系列化产品进行组合

对于一些非系列化的产品来说，其本身功能独立且形态各异，但是为了使用方便和易于收纳，以利于展示和美观，常常也进行一定的集约化设计。这类设计的重点在于承载，而并不一定有集约化的特征，比如工具箱、医药箱等。

如图5-2-11所示是加州青蛙设计公司（Frog Design）设计师Francois Dransart设计的一款多功能办公桌，它采用了模块化和集约化设计方式，根据人们日常办公时对桌面产品和功能的需求将电子产品和办公用品等进行分类和归纳。这款办公桌分为桌面、存储盒、电源线管理、照明等几个功能单元，使用者可以根据自己的需求来添加和管理所需模块，让使用者在办公空间和办公产品的选择上更加灵活和人性化。

图5-2-11　多功能办公桌　Francois Dransart

5.2.5 标准化设计

标准化是指在人类生产生活的社会实践过程中，通过制定和实施统一的标准，对重复性的事物和活动予以规范，以获得最佳经济效益和社会效益。企业的标准化是以获得企业最佳生产经营秩序和经济效益为目标和宗旨，对公司生产经营活动范围内的重复性事物进行规范，以贯彻实施国家、行业、地方相关的标准等为主要内容的过程。在工业生产中，采用标准化设计对降低产品的生产成本、提高劳动者的生产效率、提高市场占有率以及提高贸易竞争中的综合实力和创新产品转化速率，都具有十分重要的意义。

纵观人类的历史，标准化在人类发展的历程中扮演着不可替代的角色，人类的发展史就是生产力发展、劳动效率不断提高的历史。从最早的人类语言文字的统一，到国家制度的统一和完善，实际上都是一种标准化实施的历程，这是标准化最初的思想萌芽，直到机械化大生产时代到来，加速扩大和提高了标准化设计的使用范围和效果。人类的发展和社会的进步需要不断地提高劳动生产效率，大机器生产为标准化的实施提供了物质土壤，而生产的标准化为提高机器生产效率提供了智力支持，并惠及整个人类社会。

美国福特汽车公司是最早的也是最典型的将标准化思想应用于工业设计之中的企业，它是由美国著名实业家、汽车大王——亨利·福特（Henry Ford，1863—1947）于1903年建立，其成立的初衷是为生产出适合批量生产和能在恶劣条件下使用的汽车。由于福特本人是工程师出身，其在生产之初就将汽车设计得简洁而结实，以适合批量生产和维修。1908年福特公司推出了T形小汽车（图5-2-12），为了尽可能降低成本，以使产品被更多人购买，福特不仅采用了世界上第一条流水化的装配线作业，还大量地生产可替换部件，其将在美学和生产中的标准化思想很好地转变成了实际的产品生产，不仅对后来的现代主义设计产生了巨大影响，还预示着未来工业生产的巨大变革。

图5-2-12　福特T形车

图5-2-13　工业工程之父——泰勒

其间，福特在生产管理上也引进了一套标准化的管理模式，即“泰勒制”。它是由工业工程（IE）之父——泰勒（Frederiek W. Taylor，1856—1915）（图5-2-13）通过著名的铁铲、搬运和切削实验总结而成的一套科学的管理思想体系，内容涉及生产加工制造和劳动组织分工的各个方面，通过规范和研究各种动作、时间和方法对生产活动进行标准化管理，从而极大地发挥人和机器的最大效能，提高了劳动生产效率。“泰勒制”和“高度标准化的流水线作业”使福特汽车在商业上获得了空前巨大的成功，从1908年到1925年，共生产了1500万辆福特T形车，生产成本也由每辆850美元下降到每辆360美元，市场份额超过了57%，这在制造业发展史上具有划时代的意义。

随着福特公司的成功，越来越多的工业企业认识到了标准化的优势，并先后应用到了自己企业的生产加工制造的各个环节，如德国的西门子、通用电气公司（AEG）等，美国的标准化生产模式和组织模式也在世界各地广泛地传播。20世纪初，许多国家都建立起了自己的标准化规范和制度，并成立了相应的组织机构进行推广，如1902年英国成立的英国工程师标准协会、1916年成立的德国标准化协会等。而在工业产品设计领域最值得注意的是，1907年德国著名设计师彼得·贝伦斯为AEG公司设计的电水壶（图5-2-14）。在水壶的设计中，贝伦斯以标准化零件为基础，使用黄铜、镀镍和镀铜板三种材料，通过光滑、捶打、波纹三种不同的表面处理方式，按照三种不同尺寸进行制作，并使用通用的电热元件和插头进行组装，使这些零件可以根据不同的需要呈现出80余种水壶形态。正是这种标准化、模块化的设计实践，使贝伦斯被称为“现代意义上的第一位工业设计师”。

图5-2-14　彼得·贝伦斯为AEG公司设计的电水壶之一

5.2.6 模块化设计

模块又被称为构件，是指产品根据拆分和重组原理将自身拆分出多个相同或相近的单元，以便于产品的加工制造和零件的替换、更新，是模块化产品的结构基础和功能单元。在系统设计中，模块可以被看作一个子系统，具有相对独立的功能单元和接口，通过与其他子系统单元进行的相互联系，共同组成更为复杂和庞大的系统。模块设计的目的是以少变应多变，以尽可能少的投入，生产尽可能多的产品，以最为经济的方法满足各种要求。

(1) 模块的特征

① 模块单元必须具有相对独立的特定功能。模块可以单独进行生产、修改和应用。

② 模块单元应具备连接部件。由于模块化产品是由一个个独立模块相互组合而成的，因此模块都必须有两个或两个以上的连接配件配合。每个模块的固定连接越重要，配合部位就需越精确。

③ 模块的尺寸模数化，即模块的结构形状和整体尺寸必须标准化，以便实现模块的加工和替换。

模块化是系统的分解与集成的过程，它以产品（系统）目标功能为总纲，进行功能拆分和规划，经层层组合建立模块体系，并通过选用模块的特点组合成不同产品（系统）的全过程。

从工业产品设计的角度来看，产品的模块化设计始于1900年德国一家家具公司设计的几款不同尺寸的家具架体、底座和顶板的构件，帮使用者用自行组合的方式创造出了满足个人需求以及不同规格尺寸的“理想书架”。此后，模块化设计思想和理论受到各行业专家学者的重视和研究。直到20世纪50年代，欧美专家才正式系统地提出了“模块化设计”概念和设计方法。其后，模块化设计也成为工业产品研发中普遍采用的一种现代化设计方法。

(2) 模块化设计的方法

模块化设计方法不同于传统设计方法，主要表现在以下几个方面。

① 模块化设计主要运用的是系统设计思想，将模块作为构成系统的一个要素或子系统，而传统设计主要针对具体产品和设计任务。模块化设计的关键在于模块的规划，即要在一个产品系统里将功能、部分、组合方式、形态、数量以及构成模块的一系列相关要素等进行评估，并提出方案。

② 模块化设计常常和标准化设计相联系，构成产品的模块都有一定的标准和尺寸。

③ 模块化设计的流程是从宏观到微观，再由微观组成宏观的一个设计过程。传统设计一般都是以从整体到局部的思想进行设计。

④ 模块化设计的产品既可以是产品也可以是构成产品的模块，而传统设计的产物必须是产品。

(3) 模块化设计的优势

基于这些与传统设计方式的不同，模块化设计就具备了下列优势。

① 缩短产品的设计周期。

在产品设计开发阶段，设计师可以通过标准化的模块组合创新产品，从而有效缩短了产品的开发时间。同时，这些标准化的模块在进行不同组合后又可以成为多种产品，以满足不同客户的使用需求，进而减少了设计师面对不同设计需求时进行的分类研发时间，从而有效地提高了产品的设计效率，缩短了产品设计的周期，降低了产品的生产成本和风险。

② 利于产品的更新换代，发展系列产品。

随着科学技术的进步，新产品代替旧产品的速度越来越快，在客观上造成了一定的资源浪费，而模块化设计就是很好的平衡手段，即使产品以新模块代替旧模块的方式进行产品的更新换代，不仅有效地减少了资源的浪费，还促进了科学技术的向前发展。

③ 降低生产成本。

从生产加工的角度来看，大量的模块生产有利于产品的批量化生产，不仅简化了模具的复杂程度，减少了生产成本，还降低了废品率。模块化不仅仅是设计方法的改变，还是组织生产、工艺技术甚至是管理体制的改革。

④ 满足用户个性化需求。

模块化设计充分地满足了用户DIY定制的需求，将产品创造的主动权交给用户，不仅满足了用户多元化的设计需求，更是一种人性化和个性化的体现。

图5-2-15所示是英国设计师Jack Godfrey Wood和Tom Ballhatchet设计的BUILD模块化搁架系统，其基本结构为一个六边形盒子，单一的盒子可以当作凳子、小餐桌，或用作搬运箱。三个以上六边形可以通过三脚销钉组合到一起，根据不同的组合方式可以将其变成书架、隔断墙，形状结构完全自己定制，使用户可以根据自己的需要组合出不同的家具。BUILD组装非常简单，无须任何工具，并且可以随时拆装组合；在材料方面，BUILD采用轻质结实的发泡聚丙烯做成，材质本身不含有毒物质，且不会释放有害气体，100%可回收再利用。由于发泡聚丙烯密度小而强度大，BUILD可以漂浮在水上，成年人站在上面都完全没有问题。

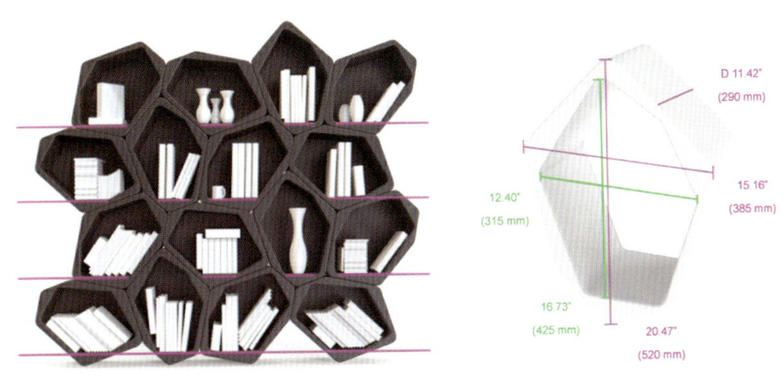

图5-2-15 BUILD模块化搁架系统 Jack Godfrey Wood、Tom Ballhatchet

图5-2-16 所示为卢布尔雅那座椅，其得名于斯洛文尼亚的首都——卢布尔雅那。该作品采用模块化设计，整把椅子由两种简单的模块单元组成，通过不同数量的单元组合，使用者可以根据自己的需要拼出大小不同的座椅，从而满足不同的空间需求。座椅在材料上使用强化聚丙烯，使椅子在废弃后可被100%回收再利用。

图5-2-16 卢布尔雅那座椅 Janez Mesaric

图5-2-17所示是一款由Gary Chang设计的多功能模块化LED照明灯具，通过其独特的十字关节，可以让独立的灯具扭动，它可以像积木一样自由地组拼成不同形状，在对其进行创意组拼之后，它也许可以作为一盏壁灯或者吊灯，也可以作为餐桌上的照明灯具。

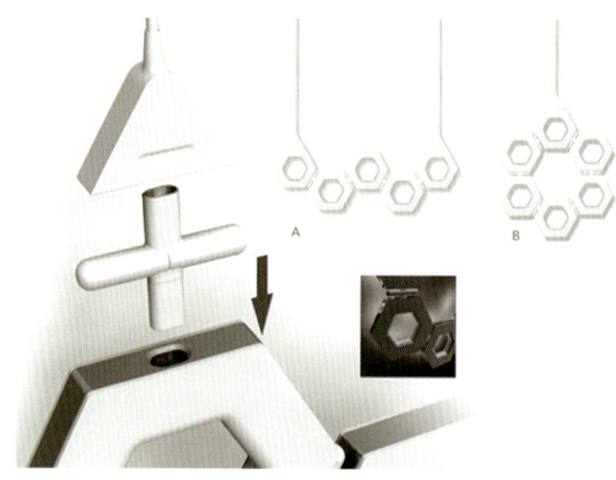

图5-2-17　模块化灯具　Gary Chang

5.2.7 系列化设计

系列化设计是指在产品设计中，产品及其构成要素（色彩、造型、结构、材质等）根据一定的性能指标和技术要求，加以归纳和简化，并按一定规律进行分类、整合，合理地安排产品的品种、规格以形成系列。系列化产品具有关联性特征，即产品之间具有一定的因果和依存关系，拥有共同的“家族”识别因素，因此又常常被称为家族化设计。

产品的系列化设计由来已久。在我国汉代就有女子用作梳妆的“彩绘云气纹双层九子漆奁”（图5-2-18），这是一件典型的系列化思想下设计的产品，它将女性用的不同的梳妆器具，如钗、篦、梳等根据不同的形状安放在不同的小匣子内，再将不同形状的漆匣放入妆奁之中，每个匣子都和妆奁在色彩和装饰上保持一致，共同传达出吉祥如意的寓意。图5-2-19所示是俄罗斯著名的传统玩具“俄罗斯套娃”，它是由多个一样图案的空心木娃娃一个套一个组成，最多可达十多个。套娃通常为圆柱形，底部平坦可以直立。颜色有红色、蓝色、绿色、紫色等。最普通的图案是一个穿着俄罗斯民族服装的姑娘，叫“玛特罗什卡”，这也成为“俄罗斯套娃”的别称。

图5-2-18　汉代彩绘云气纹双层九子漆奁

图5-2-19　俄罗斯套娃

系列产品一般可以分为成套系列、家族系列、单元系列和组合系列。它们在功能、造型、色彩、结构、材质上有很强的相关性，系列化产品设计的目的在于体现产品之间的协同性和相关性，在视觉和心理上给人以可靠、安全以及情趣化的感受，使之更能为企业迅速占领市场、吸引不同的消费人群做铺垫，进而产生产品的品牌效应。在扩展产品使用范围或覆盖范围的方法中，产品的系列化设计是非常有效的方法之一，因此系列化设计可以成为企业提高竞争力的有效手段。企业在充分掌握市场需求的情况下，以老产品为基础，利用系列产品的独有特点，开发出更满足市场需求的派生、变形产品，保持现有的市场优势地位。同时系列化设计还可以有效延长产品的生命周期，不仅使企业充分利用已有的生产设备能力获得更好的经济效益，也塑造了良好企业品牌形象。

系列化产品设计的优势可以总结为以下几点：

① 系列化设计的产品对市场变化具有很强的应变能力和相对的稳定性。由于系列化产品在设计之初就要充分考虑市场对同类产品的多元化需求，因此通常情况下系列化产品会尽可能多地覆盖用户潜在需求，并生产形式相似而功能多样的产品，以适应多变的市场需求。

② 在新产品开发和旧产品更新换代时，系列化设计的产品具有投资少、周期短、工作量小、品种变化多的优势，使新产品可以有效地缩短产品的开发时间，从而使产品能够快速地占领消费市场。同时，由于系列化产品内部存在关联性，决定了其零部件之间较高的通用率和可替换性。

③ 系列化产品在生产加工环节，由于模具相同或相似，有利于制造者采用最佳的工艺系统，从而有效地提高工装的通用系数和工装利用率。

④ 系列化产品销售环节中可以通过色彩、材质、外形结构等产品要素给消费者强烈的视觉冲击力和美观度，增强消费者的购买欲望。

如图5-2-20至图5-2-23所示，系列化设计的产品拥有着相同的产品DNA，可通过相似的风格、一些固定的细节、不断地重复强调、共性化处理等使产品在视觉形象上拥有共同的“家族”识别因素，使不同种类的产品产生一致的视觉效果。

图5-2-20　韩国系列生活用品设计

图5-2-21　系列坐具设计　Patricia Urquiola

图5-2-22　系列餐具设计　ALESSI公司

图5-2-23　系列运动水壶设计　瑞士SIGG公司

5.3 以环境为主体的系统设计

5.3.1 绿色设计

绿色设计（Green Design）又被称作生态设计（Ecological Design）、环境设计（Environment Design）、环境意识设计（Environment Conscious Design），是20世纪80年代末出现的设计趋势，旨在反思工业革命后，人类在现代科技的帮助下对地球有限资源和环境造成的巨大消耗和破坏，体现了人们的社会责任感的回归。

从设计的历史来看，最早致力于绿色设计研究并对其产生巨大影响的是美国设计评论家维克多·巴巴纳克（Victor Papanek）。20世纪60年代末他就出版了当时极具争议的绿色设计专著《为真实世界而设计》（*Design for the Real World*），该书中着重阐述了设计师在设计中所面临的最迫切的问题，强调设计师的社会责任和道德。他认为，设计的最大作用不是创造商业价值，也不是外观形式以及包装风格的抢眼，而应该着重其对社会和环境带来的影响。他强调，设计师应该正确认识如何使用有限地球资源的问题，并为保护家园环境而服务。在当时，能够理解他的这种设计观点的人很少，但是随着后来20世纪70年代的“能源危机”的爆发，他的这种绿色设计观得到了广泛的认可和关注。其后他又分别于1993年和1995年出版了《为了社会的设计》和《绿色诫命：设计和兼职中的生态学和道德规范》两本著作，这些都可以被看作是巴巴纳克的绿色设计思想的延续。

从环境角度考虑的设计方法统称为“绿色设计”。绿色设计通常也称为生态设计、环境设计、生命周期设计等。绿色设计与传统设计的本质区别在于设计的出发点不同。在传统设计流程中，主要考虑的因素有：产品生产制造成本、技术可行性、产品质量、市场需求等；而在绿色设计中，则要求从产品设计之初就将生态观念融入其中，在设计过程中将生态因素作为首要考虑因素，延长原有的产品生命周期或使用范围，着重考虑产品环境属性（可拆卸性、可回收性、可维护性、可重复利用性等），并将其作为设计目标，在满足环境目标要求的同时，保证产品应有的功能、使用寿命、质量等。因此又有人将传统设计称为“从摇篮到坟墓的设计”，而将绿色设计称为“从摇篮到摇篮的设计”。

（1）绿色产品的内涵

① 优良的环境性能，即产品从生产到使用到回收、处理处置的各个环节都对环境无害或损害甚小。

② 最大程度地利用材料资源。绿色产品应尽量减少材料使用量，减少使用材料的种类，特别是稀有昂贵材料及有毒、有害材料。这就要求设计产品时，在满足产品基本功能的条件下，尽量简化产品结构，合理使用材料，并使产品零件材料能最大限度地再利用。

③ 最大限度地节约能源，在其生命周期的各个环节所消耗的能源应最少。

（2）绿色设计的原则

绿色设计主要是指在产品设计的过程中，要充分考虑产品的原料选用、加工制造以及使用过程中对地球资源和生态环境的影响。在充分考虑产品生命周期和成本的同时，更要使其对环境的负影响降到最低，以符合生态环保的要求。从工业设计角度考虑，绿色设计的核心内容是3R原则，即Reduce（少量化）、Reuse（再利用）、Recycle（可循环）。这就要求在设计活动中不仅要充分考虑如何降低资源的消耗和有害物质的排放，还要考虑如何使设计主体以及主体中的零部件能够有效地被回收并循环利用。

① 少量化原则（Reduce），要求我们在生产制造过程中，尽量做到用较少的资源投入达到预期的生产目标，进而从源头控制能源的消耗，减少环境污染。少量化原则有多种表现形式。在生产加工过程中，少量化原则常常表现为产品的微缩化和轻薄化；而在产品的包装环节则追求简单使用的结构和形式。

② 再利用原则（Reuse），要求产品和包装制造之初就考虑能够被反复利用的可能。抵制一次性产品的泛滥，要求生产者应该尽量延长产品的生命周期，主要针对有计划的商品废止制度和用后即弃设计。

③ 可循环原则（Recycle），要求产品在到达其使用周期后产品本身或零部件能够重新成为可以被加工和利用的资源，而不是需要被处理的垃圾。根据这一设计思想，该条原则又可分为两种模式：一种是产品本身再循环，即废弃产品被循环再生产出同类新产品，如再生纸、再生易拉罐、再生啤酒瓶等；另一种是产品部件再循环，即将废弃产品拆解，部分部件成为其他产品的加工材料或部件。从经济层面上看，产品本身再循环在能耗上面达到的效果要比产品部件再循环高得多，是一种相对理想的循环经济模式。

具体来说，在3R原则的大方向下，绿色设计又可以细分为绿色能源的使用、生态材料的选择、生态加工制造、可回收性设计、可拆卸设计、生态包装等。如图5-3-1所示，设计作品Charging Clip是一个与夹子形态结合的充电宝，它的特别之处在于，所利用的是骑行时自行车车轮旋转产生的有用功所产生的电能，而非一般普通充电宝只能用线口充电的形式，其使用方法也非常简单，即骑行者直接把充电夹夹在自行车的轮框上即可实时收集电量，同时充电夹在集电过程中还会产生灯光形成光环，以用来警示周围的车辆，为夜间骑行增加了安全性和辨识度。充电夹的正反两面都有LED电子显示屏，只要用手指按住两侧开关就可以清晰地查看到剩余的电量。在集电过程完成后，夹子可以夹在任意地方并通过USB接口为手机充电，这是一个典型的在绿色设计的新能源开发上做创新的产品。

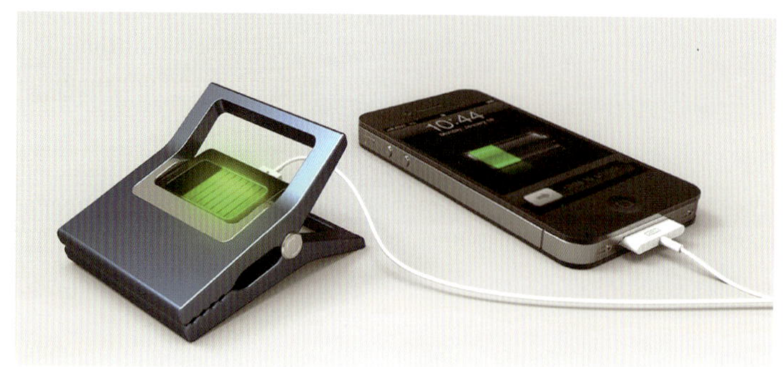

图5-3-1 Charging Clip 范政揆、马彗娟、程彦彰

1859年，奥地利人索奈特（Michael Thonet，1796—1871）设计了第一把可以拆装并且得到量产的椅子：Thonet 14（图5-3-2）。这把椅子利用蒸汽曲木技术制作，所有零部件都可以拆装，方便运输及工业化生产。Thonet 14至今已生产超过5000万把，被称为“the chair of all chairs”。它的成功不仅代表技术、生产方式的进步，更是现代设计理念的进步。

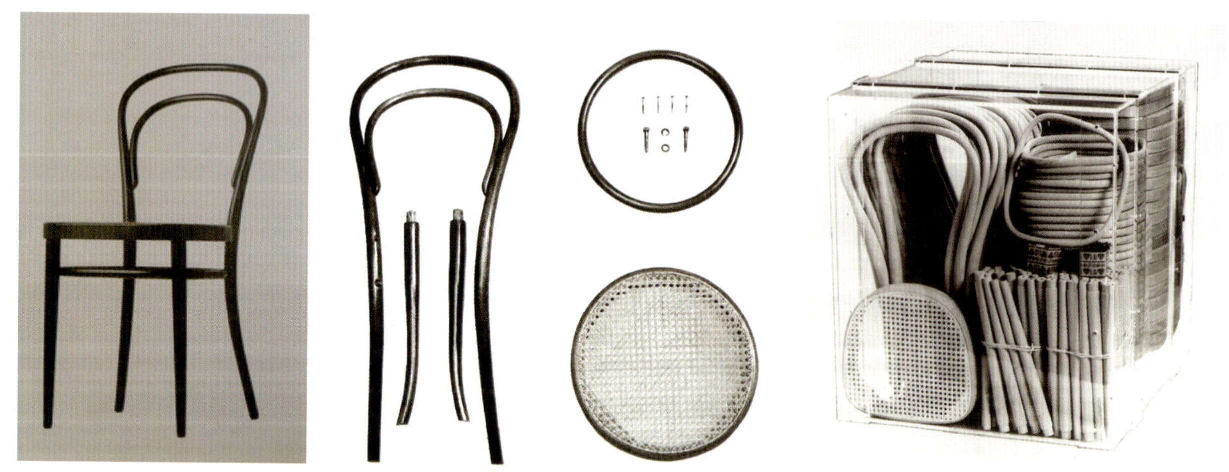

图5-3-2 Thonet 14曲木椅 Michael Thonet

速溶咖啡因为便于携带、饮用方便而被很多人喜欢，但是常见的包装袋设计中，咖啡粉末倒出后必须要有羹匙或搅拌棒的帮助才能让咖啡溶解充分。Youngdo Kim设计了这款融合包装、搅拌棒、吸管于一体的速溶咖啡包装（图5-3-3），制造工艺简单，方便系数高，更省去了多种产品，节约了制造材料，体现了生态包装的内涵。

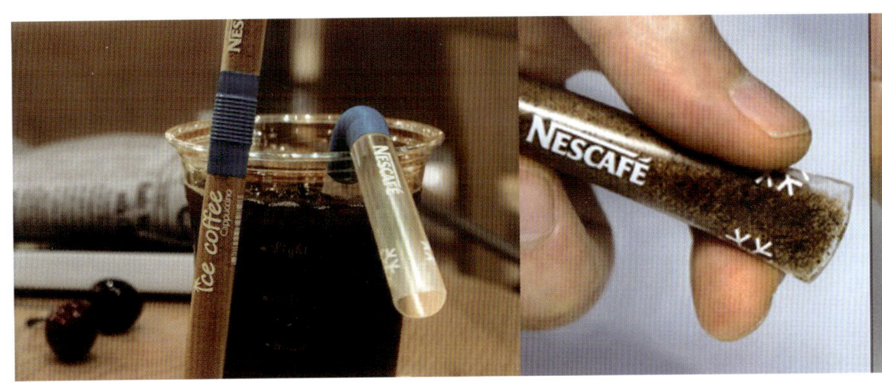

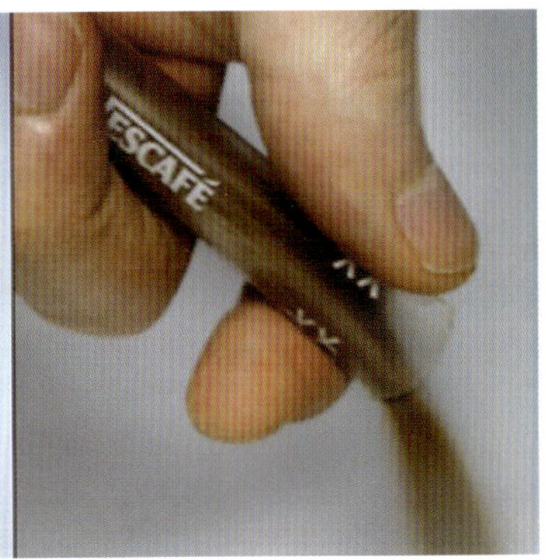

图5-3-3　三合一速溶咖啡包装　Youngdo Kim

5.3.2 可持续设计

可持续发展是20世纪80年代随着绿色设计的兴起而提出的一个新概念，其最初源于生态学，主要针对的是对资源的科学管理，随后被广泛应用于其他领域，并融入了一些新的含义。其最早见于正式文件是1980年的《世界自然保护大纲》；而其第一次被科学地阐述是在1987年，世界环境与发展委员会发表了《我们共同的未来》一文，其中这样写道："可持续发展是在满足当代人需要的同时，不损害后代人满足其自身需要的能力。"

1992年在里约热内卢举行的联合国环境与发展大会上通过的《21世纪议程》（Agenda21），提出了全球可持续发展的框架，使可持续发展在全球范围内得到普遍共识，将可持续发展作为人类共同追求的目标，而我国也在广泛采纳的基础上制定了《中国21世纪议程》，其中也将可持续发展定为我国的基本国策。

可持续发展主要包括三个方面的内容，首先是生态的可持续，这是人类生存和发展的基础；其次是经济的可持续，这是社会发展和科学进步的重要保证条件；最后是社会的可持续，这是可持续理论研究的最终目的，也是和谐社会发展的本质要求。

可持续设计是可持续发展思想在设计领域的具体体现，是从设计角度对产品的环境影响、资源现状、设计经济发展状况以及社会的公平（主要涉及社会公共资源的合理性分配）等一系列问题进行设计思考，其主要目的是为了使人类的经济、社会、环境三者之间形成更加有机与和谐的关系。其并非单纯地强调保护生态环境，而主要是提倡运用系统设计的方法和思维，将使用者需求、环境效益、社会效益与企业发展等要素连成一个有机的循环。

随着时间的推移，产品可持续设计依次经历了"产品过程后恢复"——"产品过程中干预"——"产品过程前预防"——"产品服务可持续"——"精神文化可持续"等几个阶段。

"产品过程后恢复"主要是指在产品从加工到销售的各环节对环境产生负影响后，用适当的技术加以修复，以期还原环境的绿色生态性，但这个阶段由于技术、思维的限制往往事倍功半、得不偿失。

"产品过程中干预"主要是指产品在生产、加工、运输、销售、使用等过程中，分别进行减少产品对环境的影响考虑，如考虑材料、技术、能源、废物处理等因素，以某方面或多方面满足可持续设计理念的要求，从而延长产品或部件的使用寿命，增长产品的使用价值。但是这个阶段所用的可持续设计手段都是孤立的。

"产品过程前预防"主要指产品在立项和设计阶段，就充分考虑其整个生命周期过程中多个环节和要素对环境的影响以及经济效益和能耗等问题，从源头上减少甚至避免污染的产生和能源过度消耗，以期达到经济科学发展、自然环境友好、社会和谐繁荣的目标。

“产品服务可持续”是指随着社会的发展和进步，可持续研究从有形的产品发展到了无形的服务上，服务及其产生的社会效益和经济价值被越来越多的人重视，产品服务系统的可持续设计力求将处在商业环境中的与设计相关的诸因素进行整合，并创造出更加健康和绿色的“商业模式”的整体解决方法。正如保罗·霍肯在《商业生态学》中所讲：“企业需要将经济、生物和人类的各个系统统一为一个整体，实现企业、消费者和生态环境共生共栖的循环，从而开辟出一条商业可持续发展之路。”

“精神文化可持续”是可持续设计在领域和内容上的进一步拓展和完善，系统观念被进一步深化，并向关注全球化浪潮冲击下的社会和谐以及大众的精神层面和情感世界拓展，不仅涉及本土文化可持续发展的思考，还涉及对物种多样性的尊重以及对弱势群体的关注和对可持续消费模式的提倡等，通过研究，开发和实施更为合理的可持续设计策略，最终实现全人类的可持续发展。

图5-3-4所示是荷兰设计师Chintan Shah设计并已经开始运营实施的Tvilight城市公共照明系统，这套系统基于城市感官探测系统之上，通过感官探测对照明设施周围环境及车流、行人进行探测，一旦有行人或车辆通过，路灯会自动打开，并根据车流和人流量调节照明亮度，行人、车辆经过后自动降低亮度直至熄灭。其不仅有效地节约了电能，减少了热排放和二氧化碳排放，还有效地减少了光污染和路灯的维护费用。

图5-3-4　Tvilight城市公共照明系统　Chintan Shah

图5-3-5所示是无印良品公司用牛皮纸设计的一个简易户外垃圾桶。这个垃圾袋可以轻松地站起来，利用三角原理具有稳定感，方便携带，适合野营、野餐或其他户外活动，可以替代塑料袋，更加环保，减少了污染。

图5-3-6所示是设计师Adrien Rovero制作的某品牌动物款式的皮质限量产品，其形态栩栩如生，作品是利用其他产品所剩余的边角料设计出来的。

图5-3-5　户外垃圾桶　无印良品

图5-3-6　皮质限量产品　Adrien Rovero

5.4 以文化为主体的系统设计

5.4.1 传统文化设计

文化是一个比较宽泛的概念，简单来说，可以将其归结为一种社会和历史现象，它是生物或者指人类在长期的适应和改造自然的过程中逐渐积累的精神财富的总和，是其适应周边环境的体现。狭义的文化则主要指人类之间能够被广泛传承并普遍认可的一种意识形态。其又可以被划分为社会历史、语言文字、风土人情、宗教信仰、行为规范、饮食方式、价值观念等。

设计的历史不仅是科技发展的历史，更是一部文化的进化史。每个时代的设计不仅有文化的直接参与和影响，更会体现出当时的文化风貌，设计总会与文化紧密联系在一起。历史的设计就是设计的历史，因此，传统文化的设计主要是从时间维度上进行的。

传统文化对设计的影响主要体现在以下几个方面：从设计理论的角度，传统文化影响设计原则和设计形式体系；从设计师的角度，传统文化影响设计师的设计思维方式；从消费者的角度，传统文化影响设计的评价标准。虽然每一代新生艺术家和先锋设计师总希望能够在自己的作品中标新立异，试图摆脱传统文化，但却仍然不可避免地会受到传统文化的影响而带有文化的影子。

当今世界全球化趋势日渐加深，文化的同质性也逐渐显露，在这种背景下，传统文化在一定程度上也正在被“国际化”。如何保持自身传统文化、延续传统文脉成为设计界探讨的一个重要课题。在设计全球化的语境下，保持自有文化并不等于拒绝国际化，而应该是在国际化的基础上迎来设计的多元共生，展示出自己的特色和传统，这也是国际化风格从包豪斯时代走到今天形成的新国际化趋势对我们的要求。

我国是历史悠久的四大文明古国之一，具有丰富的文化沉淀和社会历史资源。例如，我国各地的传统民居、街道、古城、手工技艺（木雕、砖雕、泥塑、织绣、服饰等）、民俗活动（庙会、集市等）等，都是非常鲜活的传统文化的“活化石”。传统文化在一定程度上为我们的设计提供了传统元素的蓝本，只有在充分总结和深入研究的基础上，发掘出传统文化与现代设计的合理契合点，才能将传统文化的精髓融入现代设计理念和作品之中，使设计作品洋溢出鲜明的“中国风”。

图5-4-1所示是2008年我国举办奥运会时设计的奥运奖牌——金玉良缘（又名金镶玉），创意取自于中国传统的龙纹玉璧的造型，寓意着西方和东方文化在北京交汇和碰撞。它的正面为希腊胜利女神和希腊帕纳辛纳

图5-4-1　2008年北京奥运会奖牌　中央美术学院设计团队

科竞技场的图案，在背面，金牌镶嵌的白玉、银牌镶嵌的青白玉、铜牌镶嵌的青玉和北京奥运会会徽的图案。奖牌的挂钩由中国传统玉双龙蒲纹璜演化而来。金和玉的结合式设计使得整个奖牌显得尊贵、典雅，中国传统文化浓郁，既体现了对竞技场上的获胜者的礼赞，也形象地诠释了中华民族自古以来将“玉”比“德”的社会文化价值观，是中华传统文化与西方奥林匹克精神的一次成功的“结合”，完美地表达了东方智慧对奥林匹克精神的独特诠释。

图5-4-2所示是英国著名设计公司Pearlfisher 为农夫山泉的茶类产品 —— “东方树叶 ” 做的包装形象设计。该设计通过依托中国茶文化的深厚背景，对绿茶（Green）、茉莉（Jasmine）、红茶（Red）以及乌龙（Oolong）四种茶叶传播世界的历史故事在时间上进行了串联，并通过带有中国传统剪纸和皮影特色的二维元素构成视觉画面，成功地改变了此前茶类饮品多采用的以绿色茶园、茶叶以及清纯采茶姑娘或大牌明星代言为元素的视觉背景，不但向广大消费者推销了新产品，更为广大受众讲述了中国茶叶的传播史，在视觉感受和消费心理上给观众以全新的体验，使该作品成为近年来中国风设计作品中较为新颖和成功的设计案例，同时也打破了水墨元素独占中国风设计作品的尴尬局面，为设计师发掘和表现更多中国风设计元素做出了很好的启示。

图5-4-2 “东方树叶”的视觉包装设计 Pearlfisher

5.4.2 地域文化设计

由于全球自然地貌多样，气候差异万千，这就为形成一个个“风格”迥异的自然区域创造了客观条件。就我国来说，在960万平方千米的广袤土地上，既存在着海拔上千米的“世界屋脊”，又存在着海拔较低甚至是负值的丘陵和盆地；既存在着干旱缺水的沙漠，又存在着水源充沛的海岛和冲积平原。基于这些不同的自然环境就形成了不同的地域文化，如燕赵文化、齐鲁文化、巴蜀文化、中原文化等，而这些不同的地域文化又都可以归入人类文化的范畴，因此也可以说，文化具有较强的地域性。

图5-4-3 Bamboo Slips for Picnic 李涯、姜小凡、翟震、李磊、张晓磊

图5-4-3所示为设计作品Bamboo Slips for Picnic，是一款以便携为目的的餐具设计作品。作品在地域文化方面的设计主要有三个部分，分别是竹制品体现的竹文化、中国传统的书简造型以及在餐具使用时借用的汉代儒士刀刻竹简的情景，深刻表现了中国历史文化的内涵，具有浓重的东方意象。更值得一提的是，作品在与东方文化结合的同时，还在选用的竹制材料中体现出倡导绿色环保的思想，并通过新颖的收放使用方式为使用者提供了一种全新的就餐体验。

Meditation Seat Ware是一款用于冥想的打坐器具设计（图5-4-4）。在我国，打坐是一种古老的坐姿，古人常借打坐以冥想修身，其优点在于打坐的姿势可以使人体合理地形成一个循环体，血液和气息循环流动，从而便于打坐者集中思维。在佛教禅坐中又将打坐的姿势细分为降魔坐、吉祥坐、缅甸坐等多种不同的形式。这款作品就将不同的盘坐形式和人机工程学相结合，为每一种坐姿设计了相应的产品造型以充分增加打坐者的舒适度。这件作品很好地体现了东方古老的行为习惯和地域文化传统与当代设计语境下的新设计语言的结合。

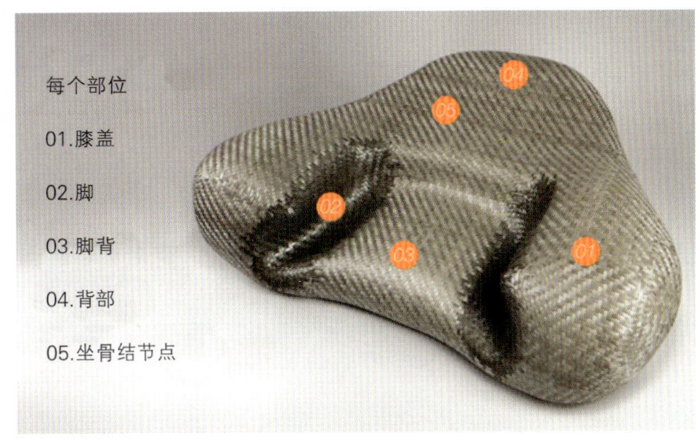

图5-4-4 Meditation Seat Ware 高凤麟

5.5 案例赏析：奥迪产品设计的系统化

随着社会的进步和科技的发展，人们对个性的追求越来越强烈，其消费需求已经从生存型发展到了发展型甚至享受型。而汽车产业的竞争已由单纯的技术竞争，转换为科技与文化意识的双重竞争。汽车不再单纯作为一种交通工具，而更多地成为人们生活的一部分，成为信息的载体及社会文化的一部分。品牌形象是给拥有者带来溢价、产生增值的一种无形的资产，它的载体是用系统设计思维以及在设计阶段就将用户、环境、产品三者相互关联的过程来实现的。面对变幻不定的汽车市场，如何准确地把握市场对产品的需求，需要系统设计方法和思维。

每一个汽车品牌都有属于自己的文化，造型特征是汽车品牌文化表达的最直接的手段，因此每一个汽车品牌都有自己独特的造型特征和设计风格。个性化的设计为品牌带来丰富的联想，同时也凸显了品牌独特的文化内涵，以与其他品牌区别开来。每一个品牌都有自己独特的设计元素，不同的设计元素给人以不同的心理暗示。正是有这些可以被“即可感知”的设计特征存在，才能够保证所设计的产品产生品牌上的识别性，延续品牌文化的独特性。

奥迪是世界著名的汽车开发商和制造商，其标志为四个圆环。奥迪现为大众汽车公司的子公司，总部设在德国的英戈尔施塔特，奥迪公司以高技术水平、质量标准、创新能力而著称（图5-5-1）。

奥迪是德国历史最悠久的汽车制造商之一。从1932年起，奥迪开始采用四环徽标，它象征着奥迪与小奇迹（DKW）、霍希（Horch）和漫游者（Wanderer）合并成的现奥迪汽车公司的前身——汽车联盟股份公司。奥

图5-5-1　奥迪品牌形象标示

迪品牌缔造了自己的核心价值——Vorsprung durch Technik，并在大多数国家进行了版权注册。在中国，奥迪将其译为“突破科技，启迪未来”，简练而具有气魄。

纵观近年来汽车造型的发展趋势，著名汽车品牌在汽车造型设计方面多采用科技、时尚、运动、力量的风格来展现自己品牌的理念与科技。奥迪汽车逐渐调整市场策略，研发新产品，运用新的设计理念，先后引进了奥迪A4、全新奥迪A6L、全新奥迪A4L、奥迪A8L、奥迪A3、奥迪A5、奥迪A7、全新奥迪A8L和TT、R8两款跑车以及R系列与RS系列运动车型。但无论车型如何变化，奥迪汽车都有很多固有的家族化或者说系列化的特征，从而在视觉外观上给人以鲜明的品牌识别度。

5.5.1 车身侧面造型分析

近年来，奥迪在车身侧面轮廓线的设计中，车身前脸的进气格栅到发动机盖的过渡圆滑，成圆弧状，发动机盖板与水平线的夹角逐渐增大，前、后挡风玻璃角度与水平线的夹角则逐渐变小，整个车身形态更加趋向于顺滑，这样的造型也使风阻系数不断减小。

奥迪汽车早期的侧面轮廓线以直线的转角居多，车顶轮廓线比较平直，在第五代A6（图5-5-2）的设计中，“天穹”式车顶造型的设计元素的引入，让奥迪汽车呈现出圆润光滑且不带棱角的车身造型，这也是奥迪家族中第五代车型最明显的体貌特征，且这种圆润光滑蔓延到了车身的每个角落。这样的设计手法在之后的第六代、第七代车型中仍被运用。同时，平直的线条被大量的曲线所代替，车顶后部轮廓线更加平坦，行李箱的线条进一步扩展到后车窗处，车头和车尾转折线由棱角坚硬逐渐向圆滑转变。

图5-5-2　第五代A6

奥迪的车身造型在侧面比例上非常平衡，侧面设计简洁，并无过度修饰，只用几条优美而坚决的腰线贯穿车身，就像湍流不息的激流，刚柔并济。早期奥迪汽车的腰线比较平直，从前至后贯穿整个车身，现在随着运动风格的兴起、造型的演变和技术的发展，奥迪在腰线设计上逐渐呈现出了自己的造型风格。在图5-5-3中我们可以清晰地看出在奥迪的任意一款车的侧面造型中都会有上下两条不同造型趋势的腰线，这是奥迪品牌车型的一个系列特征。上面一条腰线，高挑而锋利，将前端、侧部、尾端融为一体，同时随车身体态而变化，从车头灯起始，一直延顺到尾灯，或者与尾灯融为一体逐渐消失；下面一条腰线前倾并上移，体现出一种前冲的趋势，运动感十足，这条腰线起始于车头灯下方的进气格栅，一直延续到车尾，与后保险杠融为一体。

图5-5-3　奥迪部分车型

5.5.2 车身前脸造型分析

图5-5-4所示为7款轿车、3款SUV、2款跑车，虽然车型各不相同，但从图中可以清晰地识别出各个车型在车辆的前部造型设计中的系列化设计语言。奥迪所有车型都以巨大的倒梯形，也就是人们俗称的“大嘴”式进气格栅为造型中心，发动机盖上的凸出棱线收敛于倒梯形顶端，贯通上下的倒梯形进气格栅通常由银色金属线条强调。保险杆被进气格栅阻断，保险杠下端为两个对称的黑色进气口以及雾灯。

图5-5-4　奥迪部分车型前脸造型

“大嘴”式进气格栅的造型由原来的两个被保险杠分隔开来的进气格栅的造型演变而来，两个进气格栅变成一个，让车身前脸的造型更加整体。“大嘴”式进气格栅在一定程度上已经成为奥迪汽车的造型标志之一，当一款有着“大嘴”造型的汽车从远方驶来，消费者可以很轻易地判断出这就是一款奥迪汽车，原因就在于奥迪家族化的前脸设计（图5–5–5）。

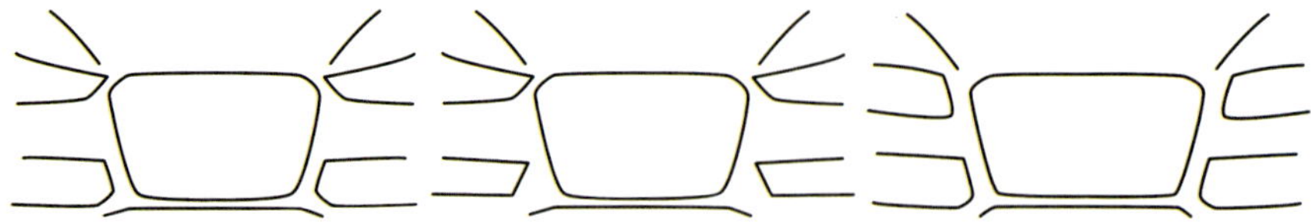

图5–5–5　奥迪前脸轮廓统一形象处理

奥迪公司在所有车型的前部造型中都应用了相似的线形处理手法，这种处理方式相对其他汽车品牌的造型特征是比较独特的。但根据系统设计思维中关于不同用户群体的需要进行设计的要求，针对不同的消费人群、不同的使用环境，奥迪将不同车型的进气格栅的形状进行了细微的再设计。如A系列家族未来的家族特征为“Aerostatic”——流线体：横幅样式的多边形“大嘴”格栅，应用LED的复杂多边形前大灯；Q系列未来体现的是“QUBIC”的理念，QUBIC是一个不存在的单词，它是借了“CUBIC”的谐音，CUBIC是立方体的意思，未来Q系列要呈现的就是立方体的设计理念，更多地体现棱角和雕塑感，纵幅样式的多边形“大嘴”格栅以及立体质感的前大灯；而R系列则采用“RHOMBIC”的设计理念，独立于格栅布置的四环标志，多边形“大嘴”格栅及细长的前大灯设计是R系列的前脸造型元素（图5–5–6）。

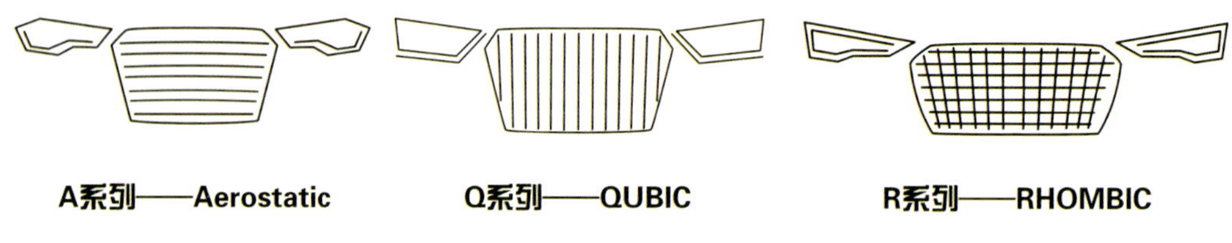

图5–5–6　奥迪不同系列的车型前脸

5.5.3 车身尾部造型分析

奥迪汽车在三厢车的后备厢尾部造型和两厢车尾部扰流板的造型是微微上翘状，着力为车身的造型设计增添一丝运动气息，除去美观的作用外，上翘的尾翼通过空气作用在尾翼上产生的下压力，可以控制汽车上浮，使汽车紧贴地面行驶，运用了空气动力学原理，从而更好地提高行车安全（图5–5–7）。

在尾部造型中，尾部线条简洁，并未有过多复杂线条的存在，两条大折线贯穿尾部，构建出基本造型，线条硬朗，现代感十足。

图5-5-7 A4、A5、A6、A8车尾造型

图5-5-8 奥迪A系列与Q系列车灯对比

5.4.4 奥迪的车灯分析

奥迪在车灯方面开启了极具辨识度的LED时代，它的成功之处在于设计师在车灯设计中充分融入了系统设计思维，即让每一款车型都有着属于自己的LED光束造型，并将其称之为车型的个性化设计。但无论光束的造型如何变化，都能让你在黑夜清晰地辨识出其品牌形象。

图5-5-8所示是奥迪A系列车灯，其在设计中采用了更加丰富的线条变化，复杂多边形的前大灯，略带柔美。不同于A系列轿车所采用的光束造型，拥有高大车身的Q系列在LED光束的设计上考虑到如何配合车身设计来将这类车型强悍的一面尽可能地展现出来，其在前大灯设计上采用四边形造型，力量感十足，同时依靠LED光和反光板打造出日间行车灯，在这种搭配下，一笔而成的光束线条看上去更加寒气逼人，这种光束造型的差异又充分地与其产品本身的属性相融合，并成为一个完整的系统。

5.4.5 奥迪品牌造型的系列化特征

通过对代表科技、运动风格的奥迪品牌旗下车型的造型设计分析，我们能够归纳出其产品造型的系列化、家族化特征。

首先，保险杠与进气格栅的设计处理关系：保险杠位置比较固定，一般位于承接上下进气格栅的位置或者隐藏于进气格栅的中间，通常由一个平面或一条折线来表现，在前脸造型中保险杠与车身融为一体，使得车身侧面轮廓线从发动机盖顺滑至前脸下沿。进气格栅的造型虽然各不相同，但是在面积上都越来越大，上下进气格栅通常上下呼应，且以正立或倒立的梯形分别表现出车头上扬和低沉的态势，造型上更多地运用直线条，体块感更强，充分地展现了车体的动势。

其次，车身整体造型更加符合空气动力学：车身造型线条层次变化多样，车身侧面造型变化丰富，腰线一条或多条，腰线造型更加锋锐，更加动感，动势为上扬或下坠，更好地表现出车体的整体态势。

最后，车灯的设计变化多样，采用不规则形状，多采用带有尖锐角度的曲线或直线，刚中带柔。车灯形态大多长而窄，从车前脸一直顺延到侧面，车灯表面不尖锐突起，与周围曲面平滑连接，与车身融为一体，流畅而有张力，成为整车造型的一部分。

思考与练习

1. 任选本章中一种设计类型进行相应的产品设计，绘制精细草图5张，并写出1000字左右的产品分析说明。

2. 试通过产品分析说明传统文化与地域文化之间的异同，根据我国的设计现状思考如何将传统文化与现代设计相结合。

3. 题目：“N+X”下一个系列产品设计。

要求：以原有产品设计为基础（最好是自己的设计作品，也可以是市场现有产品），综合运用系列化设计知识，为产品衍生一个系列成员（家族成员），建模渲染并排版，A3版面1张，版面内容丰富，布局美观，写清设计说明。

4. 题目：模块化家具设计。

要求：综合运用本章所学知识，重点应用模块化设计理念设计一款家具类产品，绘制构思草图若干张，通过讨论，确定、展开和完善设计方案，最终建模渲染并排版，A3版面1～2张，要求画面丰富，构思清晰，布局美观，要有产品的多角度透视图、局部效果图、三视尺寸图、设计说明等。

第6章　产品系统设计实践案例

6.1 案例赏析：飞利浦的产品系统设计

飞利浦公司为一家综合性的电器公司，其产品横跨家电、照明、医疗、通信等各产业，始终以“人”为核心理念，了解人的需求，观察人的行为，研究人的心理，感受人的情绪，这使得飞利浦的产品不仅满足了人们对物质功能的需要，而且很好地满足了人们对精神功能的需要，形成了特有的人性化产品形象。飞利浦在“精于心、简于形”的设计理念的基础上，不断地致力于技术创新，并关注社会趋势和人类的健康。

6.1.1 飞利浦公司的设计中心

1914 年，为了开发新产品，飞利浦公司成立了研究实验室，专门从事新技术的研究与开发。随着这个部门的发展，工业设计也逐步在内部形成。飞利浦公司的工业设计部门是从技术部门划分出来的。正因为如此，飞利浦公司的工业设计与科学技术部门有着非常密切的联系。飞利浦公司的设计中心设在恩多文市，这个庞大的设计中心包括工业设计部门、包装设计部门、广告设计部门、公共关系设计部门、企业形象设计部门等，简称外形设计中心或者设计中心。

设计中心是直接由飞利浦公司管理总部负责领导的，中心内部设有若干小组，每个小组都由高水平的专业设计师组成，小组中的研究和设计专题由管理总部下达，保持与公司的研究目的一致。除了上述设计部门之外，设计中心还承担展示设计的工作。设计中心有几个技术支持部门，包括模型制作部门、资料分析部门、情报收集部门以及新发展出来的电脑设计部。除此之外，飞利浦公司的市场研究部门、消费心理研究部门也为设计提供资料和技术支持。

飞利浦公司的设计程序，基本可以粗略地分为以下几个主要步骤：

① 情报收集，情报分析，提出设计设想。

② 设计草图。

③ 各种草图和方案的讨论与分析。

④ 提出定稿。

⑤ 模型制作。

以上每个阶段的工作都是采用小组联合研究的方式进行的。在整个工作过程中，每个具体的设计师都与小组的其他工作人员保持连续的讨论和研究，进行反复交流，目的是集思广益，避免个人偏见造成的误差。

飞利浦公司的设计中心要为公司开发新产品，制定各种计划和标准，这是设计中心最具有挑战性的工作，也是设计中心最重要的职能。因此，在设计时必须考虑到系列化、符合企业总体形象、标准化等问题，公司有意识地把这个任务交给设计中心处理，目的是使产品设计能够具有与企业形象、企业产品形象一致的基本属性，是总体企业形象设计的一个立足点。根据飞利浦公司的要求，设计中心必须在产品的计划、设计、开发中体现人机工学因素、安全性因素、实用性与方便性因素、有效性因素、完整的外形和色彩与耐用性因素。

其中耐用性因素在很多公司的设计原则中是不提的。为了使设计标准化、体系化，飞利浦公司制定了《关于工业设计式样的手册》，简称《设计手册》，其中包括了所有的有关设计规范、标准、要素、总体形象、视觉符号标准等，是公司设计人员人手一册的必备文件。飞利浦公司了解设计人员必须不断掌握技术的发展，因此，利用公司内部各种情报与资料部门的支持，提供设计人员最新的各方面情报，以提高他们对于技术发展、市场发展以及其他相关问题的全面了解。公司还不断组织设计人员参观各种展览和博览会，参加各种学术活动，提供各种国内外相关行业的情况简报，经常请专家给设计人员讲课，使他们对于相关行业的发展状况了如指掌。

当公司决定一项新产品开发任务以后，设计部门要立即制定一份有关这种产品的当前市场技术、市场竞争状况、市场分布情况、设计趋势等的完整报告给公司的总部。在公司总部批准设计工作之后，设计中心就开始了设计程序，包括资料的分析、设计草图和预想图、正式设计图、模型计划、对于设计的分析和讨论、模型制作以及原型制作等。在这个设计过程中，设计人员都与各方面保持密切的联系与接触。

除了产品设计以外，飞利浦公司还非常注重树立企业形象和企业产品形象的展示与室内设计。飞利浦公司在世界各地的展示中心都以其杰出的设计与展示给消费者留下了深刻印象。

在过去的几十年，随着人们生活水平的日益提高以及对产品形式需求的多样化和复杂化，飞利浦公司把产品重点转移到了医疗保健、优质生活和照明上；目标也定为“了解消费者与客户的需求和渴望，提供创新先进、轻松体验的解决方案”。并且飞利浦也始终坚持自己的设计理念：“精于心、简于形”。其中“精于心”，表明产品开发和创新必须是从用户心理的需求出发而精心设计，也表明产品设计需要站在用户的角度甚至高于用户的角度用心思考；而“简于形”表明在产品外观上，尽量趋于简单、智能、好用。这同样是从用户的角度出发的，因为绝大部分用户在使用产品时，都希望方便有效。这两点，正好是抓住创新过程中技术和设计两个角度的完美结合。

其还通过科学的方法对用户和市场进行调研和分析，确保产品更具人性化、针对性，在使用上更加方便智能，有更好的体验和口碑。

其在以用户为中心的创新和设计上，包含很多的元素。这些元素并不是独立的，而通常是相互关联或包含地体现在产品功能和设计中的。下面，我们来看一下，在这一点上飞利浦公司是怎么做的。

6.1.2 飞利浦公司的照明产品

（1）自然

人的健康其实和自然有着密切的联系。用户在心底是需要自然的环境的，但由于生活习惯的变化，用户往往意识不到自己在很多时候处于一个不自然的状态，而这种状态长期保持，用户反而习惯了，并很难发觉。所以我们在设计的时候，就需要深入挖掘用户的这种隐性需求。这也要求我们掌握更多方面的知识，使得设计的产品能够引导用户。要知道，用户的需求往往是伪需求，我们必须站得比用户更高，才能给他们带来意想不到的体验。飞利浦设计过一款唤醒灯（Wake-up Light），就是通过模仿自然光逐渐变亮，结合自然的声音（如鸟叫、风吹过树枝的声响）来让人在睡眠中以一个自然的过程醒来。这样的方式可以使人在被唤醒的时候损失最少的能量，在新的一天有更充足的精力，对人们的身体也是最为健康的（图6-1-1）。

图6-1-1　唤醒灯

（2）绿色

绿色环保，是一个世界性的主题，其实这更是企业替用户站在可持续发展和低碳生活的角度出发的考虑。事实上，很多用户在使用产品的时候，也很注重绿色环保，这成为用户很重要的需求之一。飞利浦发布了一款创新的概念街灯，名字叫“绽放之光”（Light Blossom）（图6–1–2）。它与普通街灯的形状不同，利用的是生态学的街灯柱，白天能够接受来自太阳和风的能量，夜间利用白天储存的太阳能和风能为路人照明。有阳光照射的时候，这盏路灯宛如花朵般绽放，其花瓣缓慢地张开，放大其表面积收集太阳能，并模拟向日葵的行为追寻太阳的运行方向，以利于获取能量。到了晚上，花瓣就会聚合起来，呈现花苞状，散发出适当强度的光线，避免造成光污染。当有人经过时，光线会感应路人的所在，光亮自动投往路人周围照亮路面。

图6–1–2 飞利浦街道照明灯——“绽放之光”

据飞利浦公司介绍，除了能提供绿色照明外，该路灯还可以将多余的电能送回输电线路，使得灯柱产生电能而不是消耗电能。

（3）定制

一些用户在接受访谈时，对产品的很多功能，都希望自己能够或多或少地参与进来，存在着一种交互的欲望，希望在使用产品的时候能够有一定程度的自定义。而这种自定义，往往能够提高这些用户对产品的兴趣。飞利浦正是看到了这一点，结合自己在照明和光学方面的优势，发明了可定制的动态色彩T恤。常见的传统T恤都是有固定图案的，而这种T恤可以通过自己的喜好设置静态或动态的形状和颜色。飞利浦公司的Lumalive技术可以让服装或是任何纺织品能够变成显示屏，表现各式各样的图案（图6-1-3）。

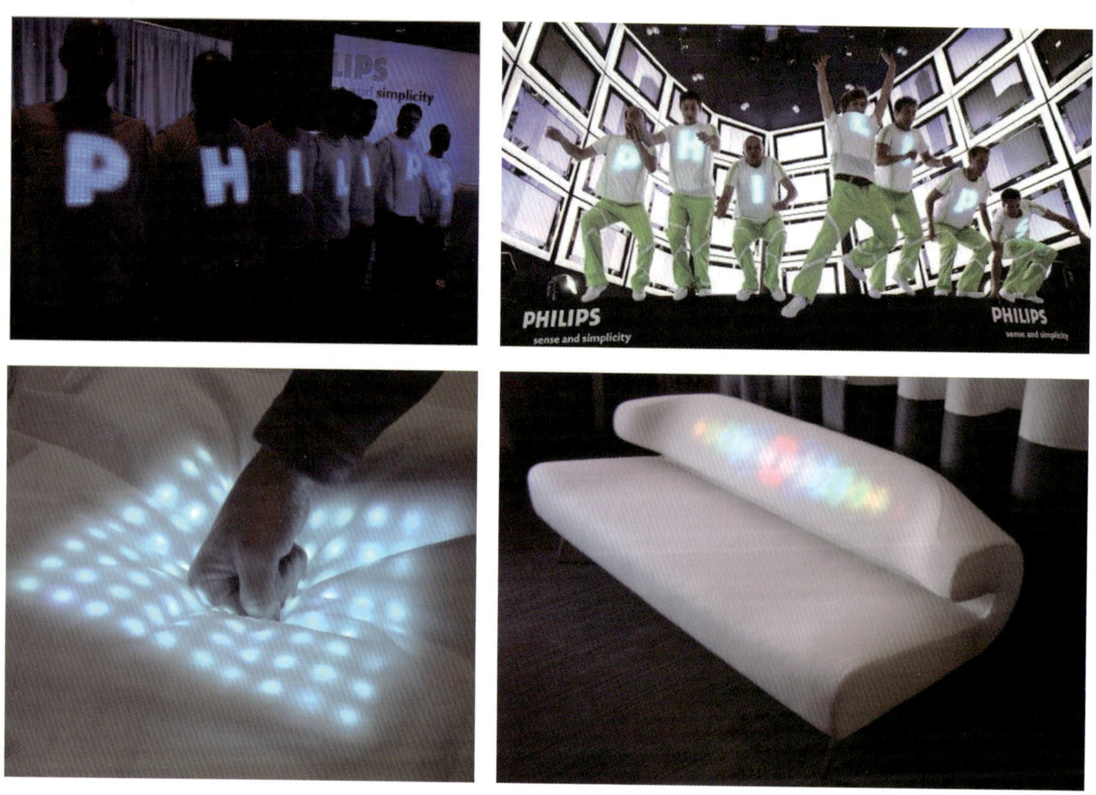

图6-1-3　可以让服装变成显示屏的技术——Lumalive

（4）智能

一直以来智能都是近代科技发展和产品设计中的一条主线。在生活中，用户的声音往往是："这东西能不能做得更加智能些，能不能自动实现某种功能呢？"在产品设计中，同样会有类似的声音。智能其实也包含了用户对易用性、方便性、有效性等方面的综合需求。飞利浦"Hue"智能家居照明系统和ABB"i-家"智能家居控制系统无缝整合，为消费者提供一体化智能家居照明控制方案，携手推动中国智能家居市场的快速发展。

今后，只要用户在家里安装了飞利浦“Hue”和ABB“i–家”系统，人们就可以通过智能手机或其他智能终端对家中的灯光进行任意控制，从多达1600万种的颜色中选择自己喜欢的灯光颜色，创造个性化的家居照明氛围，享受无与伦比的智能照明体验（图6–1–4）。

图6–1–4　智能家居“Hue”照明灯泡

6.1.3 飞利浦公司的医疗产品

（1）轻松

大多用户追求在轻松的环境下使用产品，即使是会让人兴奋而刺激的东西，用户也希望能够不那么紧张。在这点上，飞利浦在设计它们的医疗器械时，很注重提供轻松的环境。在做脑部的核磁共振检查的过程中，人会被推入一个半封闭的仪器里，头上戴着很紧的固定装置，并发出刺耳的声音。显然，这样的环境很容易引起人的恐慌，特别是有心理压抑的人群或者是儿童。所以，飞利浦在产品设计时，根据用户的人口特征，提供了一个轻松愉快的环境（Ambient Atmosphere），例如，给儿童提供有趣的卡通情景，使得儿童在做MRI或CT检查的时候，被引导为在参加一个游戏，并且收听一些歌曲，来屏蔽检查时仪器发生的尖锐鸣叫，接受扫描也逐渐变成一项不那么难以接受的过程，而这些优势在某种程度上要感谢飞利浦在生活时尚领域所积累的经验，它使飞利浦越来越确切地认识到患者们的需要（图6–1–5）。

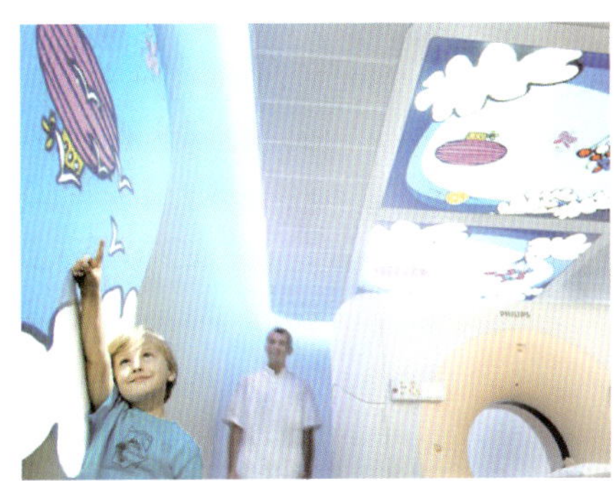
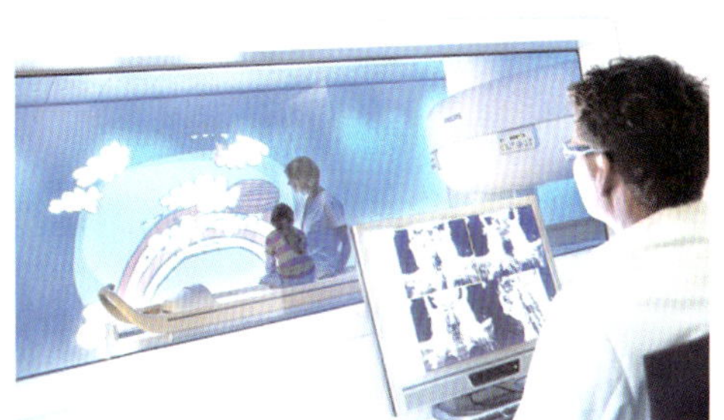

图6–1–5　飞利浦医疗器械1

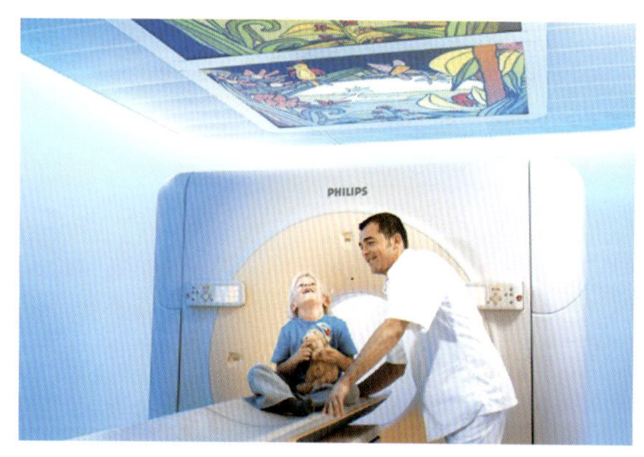

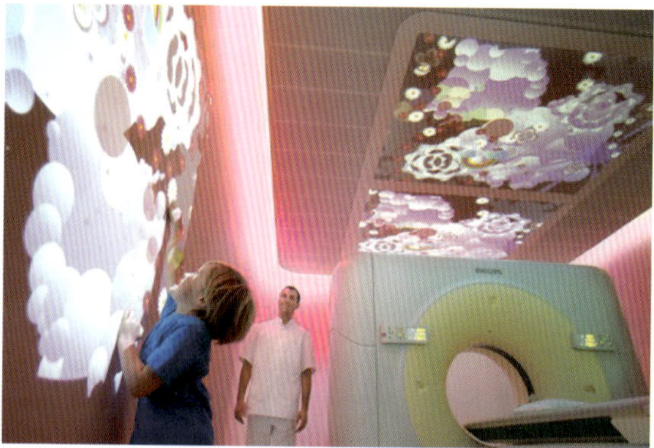

图6-1-5　飞利浦医疗器械2

（2）舒适

舒适性是用户追求的一个重要特征。在生活中，很多病人在经历一些体内检查的时候，都会痛苦不堪。认识到了这一点，就需要有更好的途径来完成类似的检查，当然这样的设计是需要强大的技术支持的。飞利浦公司的科学家近日研制出一种具有神奇效果的智能药丸——iPill（图6-1-6）。该智能药丸呈胶囊状，大小仅为11毫米×26毫米，约为一颗纽扣大小。但在这小小的胶囊里，内置了微处理器、电池、无线电和药舱。只要患者将其吞下，它就会通过传感器检测患者体内器官的酸性程度，探知到病灶，再根据需要，对症下药。所以，日新月异的科技发展，给以用户为中心的产品设计带来了更多的可能。

（3）健康

用户对健康的需求是非常高的。这里的健康不仅仅是指医学上的，更包括健康的生活方式。而人们常常会忽略甚至习惯许多对健康有负面影响的行为。这样的行为对产品设计方来说是不可以忽略的。正是看到了这个潜在的用户需求，飞利浦公司推出了两款智能设备：BlueTouch和PulseRelief。两款设备由iPhone或iPad控制，能够帮助人们缓解肌肉疼痛。

BlueTouch是一个类似膏药的可穿戴设备，通过创新的蓝光照射疗法帮助恢复和修复受损的肌肉。其发射的LED蓝光可以刺激身体释放一氧化氮，一氧化氮可以促进血液流动，进而促进自然修复过程，增加营养和氧气供给（图6-1-7）。

图6-1-6　智能药丸—ipll

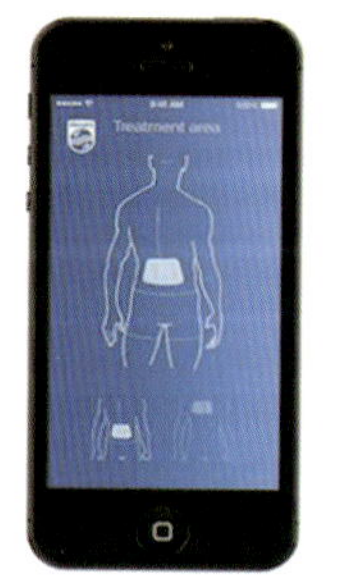

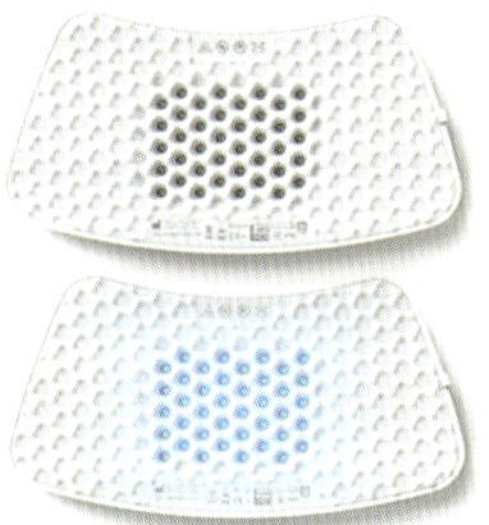

图6-1-7　BlueTouch智能设备

PulseRelief的着眼点是倡导更加积极的生活方式，通过iOS设备为用户提供经皮神经电刺激疗法保持身体机动性的同时，让身体更加舒适自由。在采用TENS疗法时，电脉冲会通过皮肤表面刺激皮下神经，阻止疼痛信号发送至大脑，释放胺多酚，达到止痛目的，并让运动更加自由（图6-1-8）。

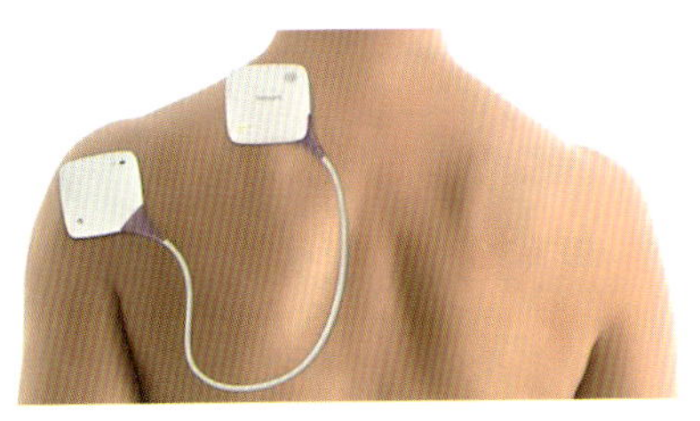

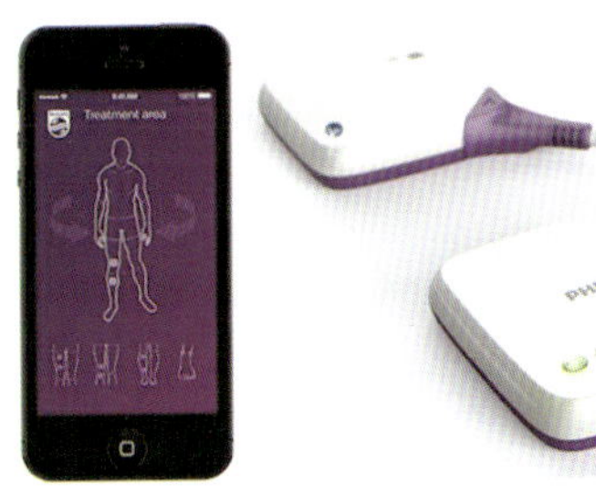

图6-1-8　PulseRelief 智能设备

6.1.4 飞利浦公司的家电产品

（1）愉悦

愉悦往往是用户需求升级的表现。也就是说，这种需求并不作为用户最基本的需求，但却可以提高用户的体验，使得用户从中获得更加愉悦的心情。从一定程度上，满足用户追求更加愉悦和更高生活品质的需求，在产品设计时也常常作为重要的因素被考虑。飞利浦推出“流光溢彩”电视机，为用户带来了前所未有的家庭影院视听体验，将家庭影院的体验再次提升到了新的高度。这些新产品能让您在居室中完全沉浸在DVD、蓝光、在线数码音乐和影片营造的令人身临其境的画面与声音中。同时，为了能够呈现更加逼真的身临其境的效果，所有“流光溢彩”电视机都配备了自动适应背景墙的“流光溢彩”技术，使得电视能解析背景墙的颜色特征，调节流光溢彩灯光的色调，使其达到最佳视觉效果（图6-1-9）。

图6-1-9　“流光溢彩”电视机

图6-1-10　飞利浦“Saeco Xelsis”咖啡壶

（2）便利

高效便利通常被用户列为需求较高的一个方面。生活中，人们常常会抱怨某些产品或某些流程不方便，效率低。在产品使用中，用户追求的是一种高效而非冗繁的过程。事实上，产品设计本身就应该考虑用户没有考虑到的内容。例如，大家都很喜欢现磨咖啡的美味，但是又嫌煮咖啡和调制咖啡的过程太烦琐，飞利浦“Saeco Xelsis”咖啡壶就解决了这个问题。这款产品成为家居生活新产品中的亮点，其采用了最先进的指纹识别技术，能够记录下各类使用者的咖啡饮用偏好。只需刷过手指，“Saeco Xelsis”就能立即取读你的咖啡档案，包括偏好品种和搭配比例，并调制出你期待的咖啡，让煮咖啡变成一种享受（图6-1-10）。

6.2 产品系统设计实践：老年无动力助步车设计

学习产品系统设计的目的在于使设计师和项目管理者在实际的设计工作中拥有系统的设计思想和策略，并将这一思想和策略应用于发现需求、解决问题和启发思考中，且始终着重于从整体与部分之间、整体对象与外部环境之间的相互联系、相互作用、相互制约的关系中综合、精确地考查对象，以达到整合优化处理设计问题的目的。

下面这个案例将深入浅出地说明产品系统设计的具体方法和流程。由于设计的对象、目的等不同，实际设计流程中采用的设计方法也应该有所差异，不可以生搬硬套。一般来说，现实的产品设计（商业设计）有较强的经济目的，更注重市场和用户的研究和产品对公司的实际效益；而概念设计则偏重对社会发展的预测，发觉用户的潜在需求，关注设计伦理，以未来的视野大胆地进行设计创意。因此，作为设计师应该结合项目的实际情况合理选择相应的产品系统设计方法。

项目名称：老年无动力助步车设计
设计者：高静静，大连工业大学09级工业设计学生
指导教师：张诗韵

6.2.1 第一阶段——用户研究、背景分析

在这一阶段，设计师应该做的事情：

① 确定用户研究目标群，设计师通过用户研究寻找设计机会，并寻求对那些影响真实环境的设计内容的理解。

② 通过观察法、深度访谈等方法，针对具体产品的使用过程和使用环境，了解用户的背景资料与其个人的行为方式、生活方式、思维方式之间的联系，寻求用户对产品的操作使用经验知识、典型的行为、动作态度、观念与产品之间的联系。

③ 站在用户的角度思考与观察问题，并对使用人群、市场现有产品、结构、材质、用户生理、心理等相关信息进行收集与分析处理。

寻找问题、形成概念的过程也就是我们通常讲的设计调研。它通常是在一定项目前提的基础上展开的，是整个产品设计的重要阶段。完成的过程和结果的好坏，直接影响到后续的设计结果。所以设计时必须十分积极地对待。在设计的准备阶段，寻找问题主要是通过多方面的设计调研来进行，一方面围绕产品—消费者或近或远影响的各类人文、社会因素加以展开，另一方面也以产品本身为重点展开各类调查。

（1）选题意义

老龄化社会所带来的传统养老方式的逐渐改变，使得老年人面临着独立自理的生活，为了让老年人舒适地行走，并且通过行走获得快乐的心情，享受驾驭生活的感觉，对无动力助步车进行研究和设计是十分有必要且有意义的（图6-2-1）。

通过图6-2-2可以分析出，研究或设计目标为需要行走辅助的老人。以老人心理需求为设计核心，深层次挖掘中国老年人的心理需求及使用需求，设计一款符合中国老年人使用习惯、安全、方便的老年助步车。

图6-2-1 无动力助步车对老人生活的改变

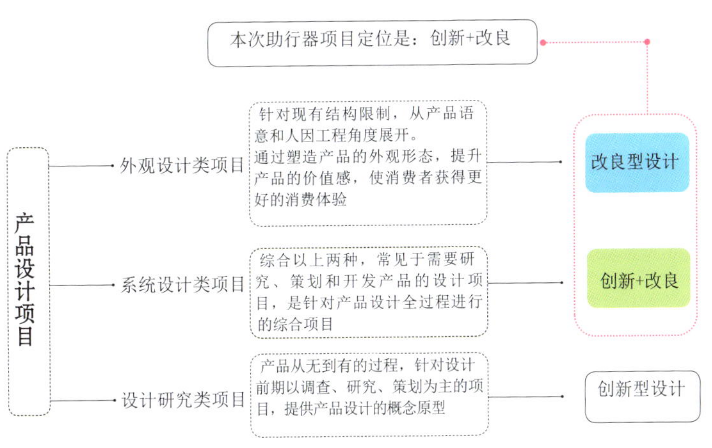

图6-2-2　产品设计项目图

（2）前期调研

表6-2-1所示为现有的老年助行产品的分析比较，表6-2-2是对其结构的分析比较；图6-2-3所示为现有老年助行产品的具体结构分析。

表6-2-1　现有老年助行产品分析

助行产品	拐杖	室内托盘	助步型	购物型	智能型	短途敞篷电动车	箱式密封型
优点	经济、实用，缓解膝关节压力	考虑到室内需求	功能多，结构简单便携，提升老人自信	简洁实用，承载量大	便捷，易操作，外形新潮时尚	续航时间长，操作简单	外观时尚，方便出行，使用舒适
缺点	稳定性不好，降低用户能动性，易疲劳，重心偏移，加剧驼背	功能局限性	刹车结构、功能和安全构件有待改善	灵活性不够，功能局限	造价太高，适合年轻人	需要较大停放空间，要求用户反应灵敏	价格较贵，需要停车位，需领号牌，对用户要求较高

表6-2-2　现有老年人助行产品结构比较

结构类型	横向折叠	纵向折叠	垂直折叠	翻折折叠
优点	方便	方便易施力	上下按压易施力	方便
缺点	不易施力	——	需要弯腰	烦琐、结构复杂

（3）用户分析

① 使用人群定位。

生活可以自理但行走需要辅助的老年人。例如，身体虚弱，散步、行走时总感到疲劳的老年人；腿部患有慢性疾病，行走吃力的老年人；喜欢散步，途中需要休息的老年人；想摆脱拐杖的衰老标志困扰的老年人；重心不稳，不适合使用拐杖的老年人等。

② 购买人群定位。

在调研中，根据统计得知购买因素中考虑价格因素的人占60%，考虑质量和安全因素的人占75%，考虑使用时的舒适感的人占75%，考虑美观性因素的人占25%，考虑其他（品牌、多功能等）因素的人占10%。

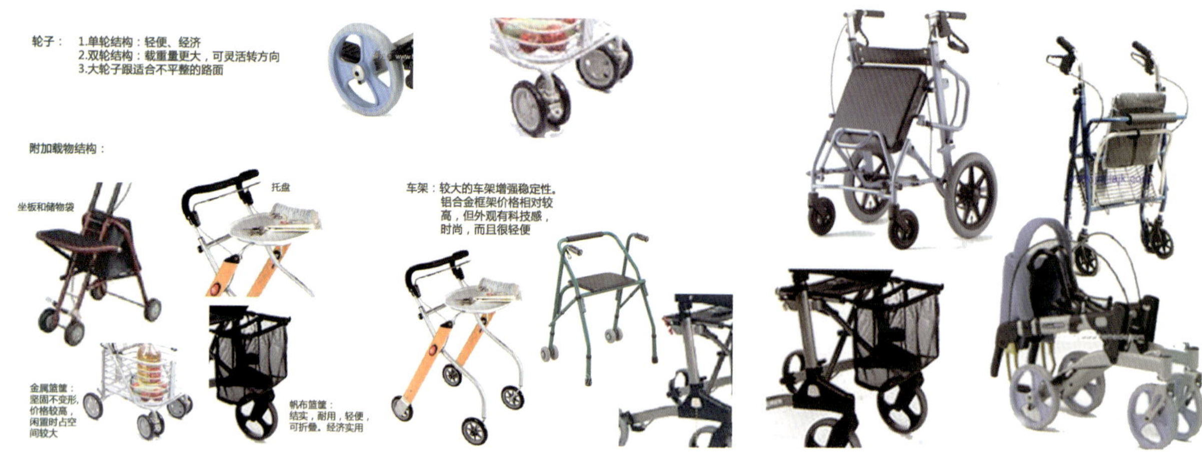

图6-2-3　现有老年助行产品具体结构分析

购买人群主要有三类，一是子女（40～50岁）购买给老年父母（65岁以上）当作礼物；二是老年社区统一购买给老人，作为公益设施无偿让老人临时使用或者租赁；三是老年人自己购买。

③ 使用人群生活习惯。

经调查，大约20%的人居住在敬老院等养老机构，7%的人与子女同住，36%的人独居，37%的人夫妻两人同住（表6-2-3）。

表6-2-3　老年人活动空间分析

空间分类	空间特点	助步车设计要点
家里/串门	空间较小，门框的大小固定	体积较小
小区	绿化带道路弯曲，鹅卵石路面等	稳定的四轮，较大的车架，轮胎直径更大
市场、超市	较远，拥挤，电梯，楼梯	轮子能卡在电梯上
社区医疗中心	去时身体不舒服，虚弱	易操作

④ 使用人群生理特点。

A. 骨骼、肌肉老化，肢体动作迟钝，重心不稳易摔倒，骨质疏松，易骨折。

B. 生活基本可以自理。

C. 患高血压、高血脂、高血糖等心血管疾病，有时会头晕，重心不稳。

D. 身体虚弱，易疲劳。

E. 神经中枢老化，引起四肢震颤、反应迟钝，认知能力低下。

F. 驼背老年人脊柱结构特点：重心前倾。

老年人腿脚行动力约为年轻时的50%，行走超过20分钟会感觉到累，并且重心不稳，易摔倒。根据美国心脏学会的报道，老年人每天适合走路3.2千米，不仅更加健康，亦能经常保持愉悦的心情。

⑤ 使用人群心理特点。

A. 心理脆弱，易受刺激。

B. 容易感到孤独、寂寞，有很强的依赖性。

C. 喜欢平淡的事物、颜色。

D. 爱参加老年社区活动。

E. 想接受新鲜事物，缺乏自信。

F. 习惯心理固化，即不愿打破固有习惯。

G. 对养生感兴趣，行事保守，万事安全为主。

H. 排斥拐杖、轮椅等衰老标志的产品。

I. 自尊心强、渴望独立自理的生活。

6.2.2 第二阶段——发现问题，设计概念定位

这个阶段，在搜集一系列资料调研的基础上，发现问题所在，并加以分析、梳理、整合，捕捉用于产品创新的需求点，从而形成有突破的产品化方向。其工作的方法和形式也是多种多样的，需要根据设计项目的要求和条件，灵活选择最有效的途径和手段。

总的来说，设计调研要达到以下目标:

① 发现潜在的消费者或市场需求。

② 发现设计开发中的具体问题点。

③ 探索概念产品化的可能性。

④ 预测相关产品的流行倾向。

（1）用户问题

① 在室内移动饭菜或水杯等物品时吃力，手会颤抖。

② 站起时会感到吃力。

③ 随身物品多，外出时要有随身便携的储物空间。

④ 经常需要带着折叠凳去社区空地上参加老年集会。

⑤ 去社区附近的卖场购物回来需要搬来搬去。

⑥ 用户在乘自动扶梯时，普通助行车容易下滑。

（2）对应用户需求的解决方案

① 助步。

有支撑作用，坐板可调，有放置录音机或者水杯的附加件。

② 存放。

简单便利，不影响舒适度的折叠方式。

③ 安全。

新把手的设计，让用户重心与助步车重心很靠近。安全轮、刹车和折叠符合用户使用习惯。

④ 购物。

选用可拆卸的便捷储物筐。

（3）设计构思

设计者有意将本产品命名为“乐步”，可从情感需求和行为操作两方面理解。从情感方面讲，可以让使用者摆脱衰老标志的拐杖和轮椅，让使用者有享受和驾驭生活的感觉，给使用者更多的自信和尊严。从行为操作上讲，产品更能贴合中国老年人的生活习惯，舒适的把手，易操作的手刹，流畅有力的外观，让老年人更能舒适地行走，让老年人从独立自主的生活中获得快乐和享受。

乐步从老年人的心理需求和易操作的特点出发，贴合中国老年人的生活习惯，舒适的把手、易操作的手刹、流畅有力的外观，让老年人更舒适地行走，让老年人从独立自主的生活中获得快乐和享受（图6-2-4）。

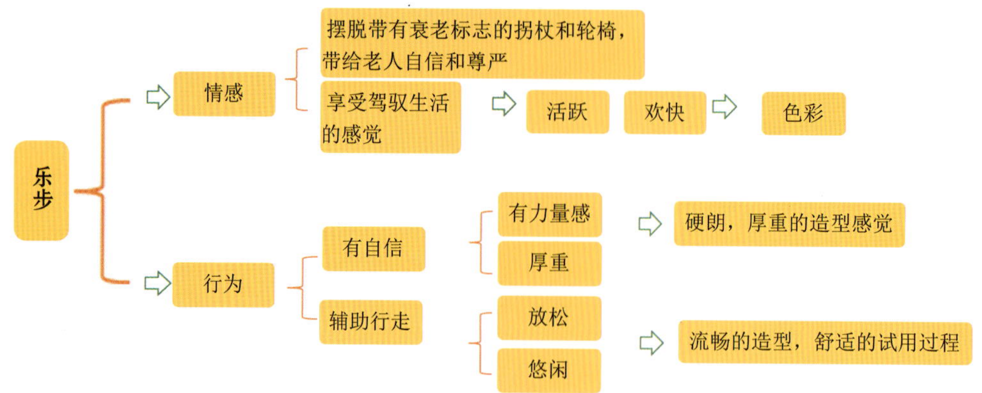

图6-2-4 设计构思

6.2.3 第三阶段——产品视觉化

当完成设计的调研、发现问题和概念定位后，得出的简要结果为设计师带来了更为清晰、有意义的创意方向，包括产品的概念，产品与消费者、环境的关系，设计的目标等内容，并结合概念性的图像参考，而后就进入造型设计的创造阶段。概念视觉化的过程就是将概念语言（企划定位）转换成可视觉化、可感知的成果，通过设计草图、效果图或模型，将概念设计表达出来。这是一个关键性的创造阶段，也是设计师最为核心的任务，取决于设计师的美感、创意实力及经验。

应该说，设计创意的思维也有理性与感性之分。理性的设计过程，是指从细致周密的调查研究到感性的创意设计，是通过系统的、逻辑推理的过程来逐步探求产品的解决方案。而很多艺术大师即使没有进行严格的调研，也可以凭借天马行空的艺术直觉创造力，设计出成功的产品，这就是感性的设计过程。从这两种过程的比较中可以看到，视觉形态创造力都是关键所在，也是学生在学校的专业学习中必须解决的核心能力之一。

（1）草图发想

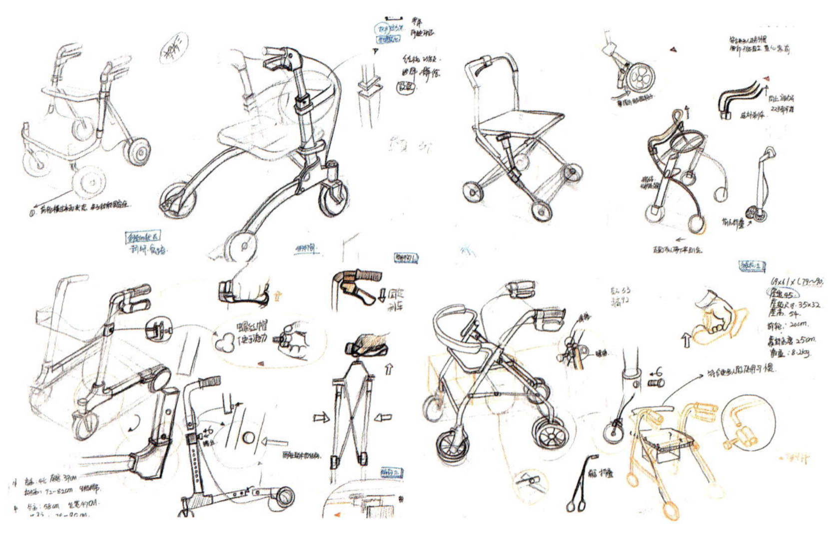

图6-2-5 草图发想

（2）定案草图

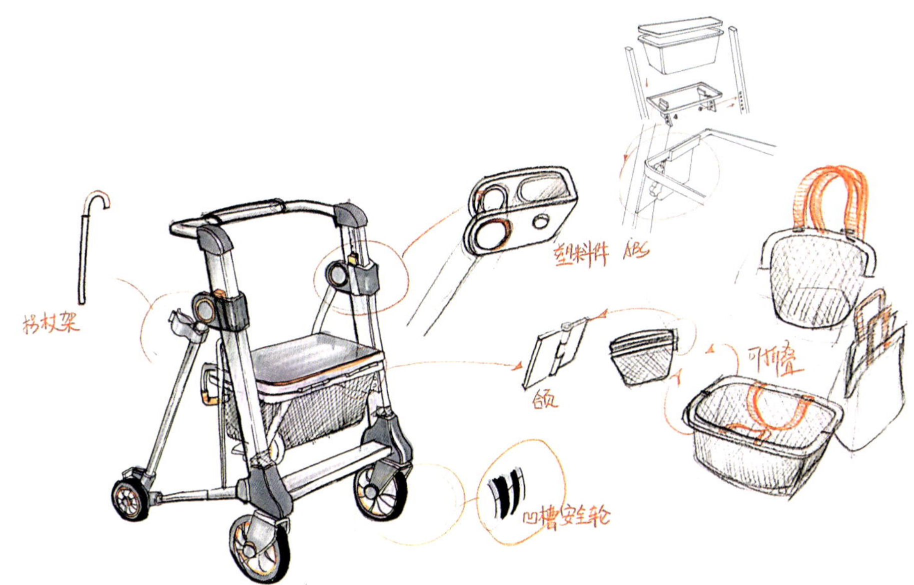

图6-2-6　定案草图1

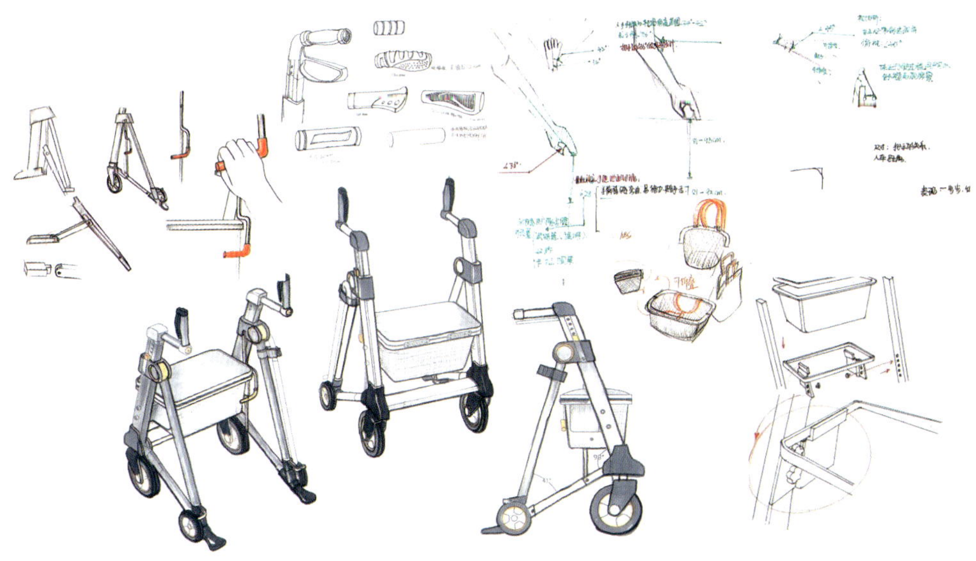

图6-2-7　定案草图2

（3）草图细化

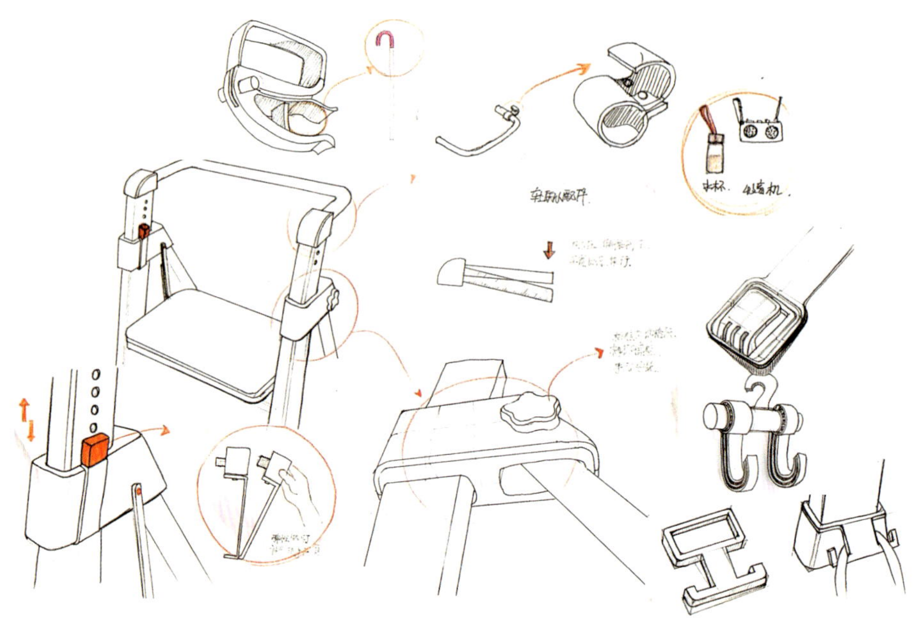

图6-2-8　草图细化

（4）草模和人机关系推敲

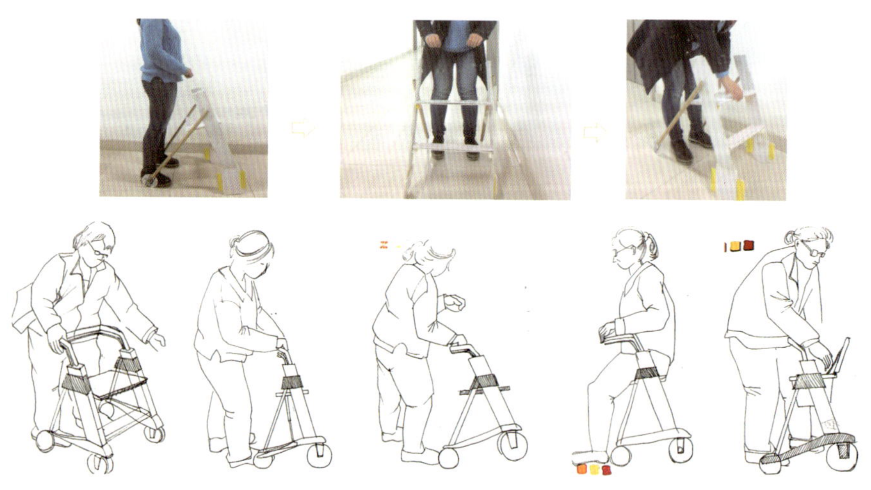

图6-2-9　草模和人机关系推敲

（5）方案深入

① 方案一（图6-2-10）。

向下按压，临时刹车；向上拉动把手，固定刹车。

② 方案二（图6-2-11）。

图6-2-10　方案一

图6-2-11　方案二

③ 方案比较。

	刹车	储物	把手	休息
方案一	临时刹车与固定刹车分开	把手使用篮筐	把手简洁、舒适	使用坐板要绕到前方
方案二	简单的刹车结构	篮筐使用方便	把手舒适，可帮助站立	坐板使用方便

（6）使用细节

具体使用细节如图6-2-12至图6-2-17所示。

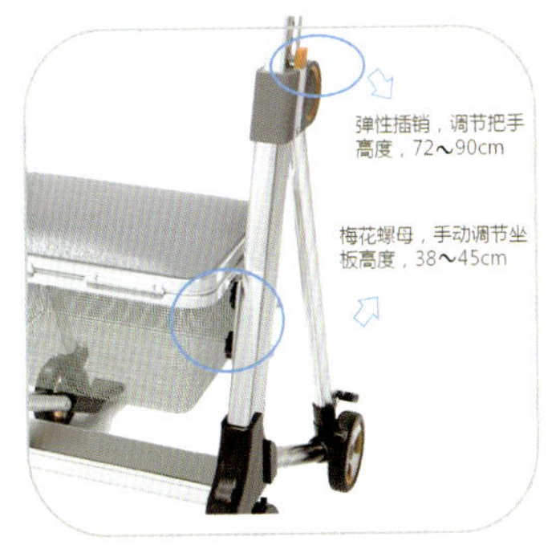

图6-2-12　使用过程图1

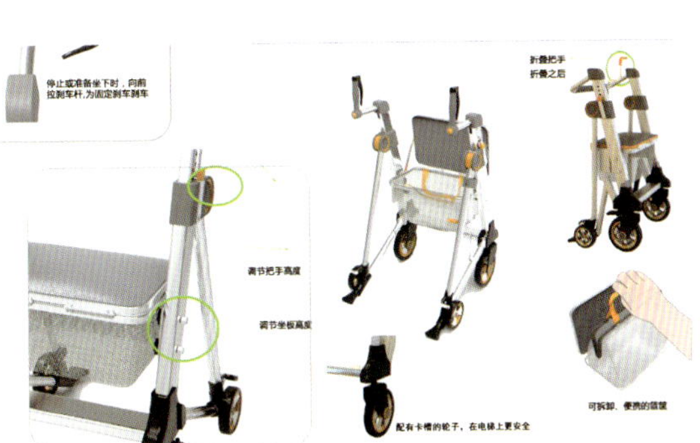

可拆卸、便携的篮筐

图6-2-13　使用过程图2

图6-2-14　使用过程图3（有卡槽的轮子能嵌入电梯的防滑横槽中，起固定作用）

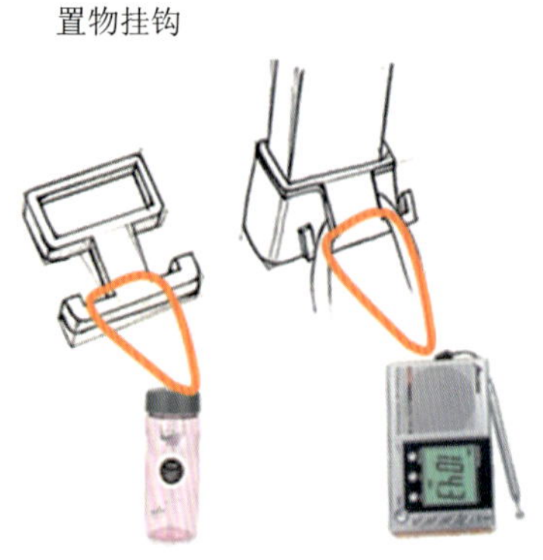

图6-2-15　使用过程图4

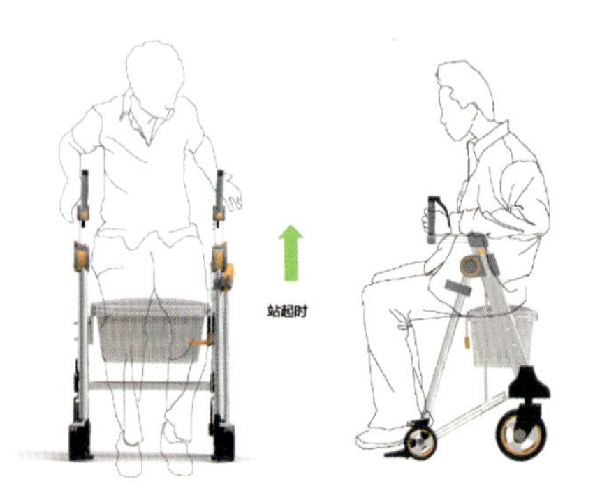

图6-2-16　使用过程图5（向上拉折叠把手，实现产品的前后折叠）

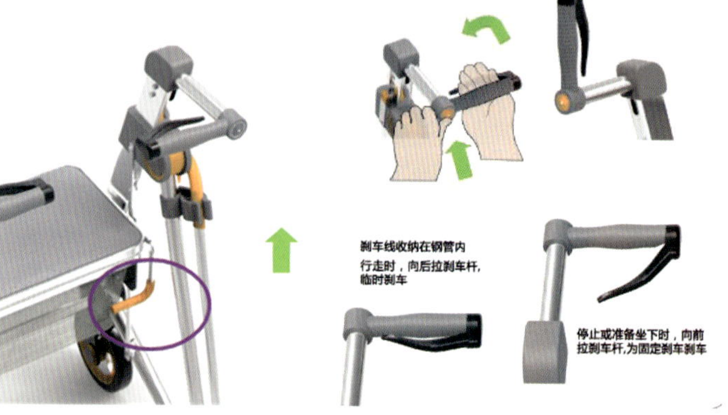

图6-2-17　使用过程图6（刹车线隐藏于车架内）

（7）绘制材料解析图和产品三视图

材料解析图如图6-2-18所示，产品三视图如图6-2-19所示。

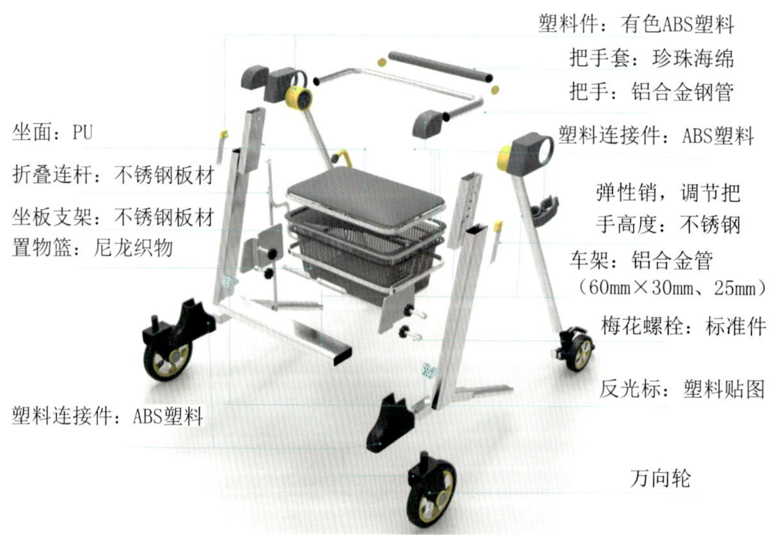

图6-2-18　材料解析图

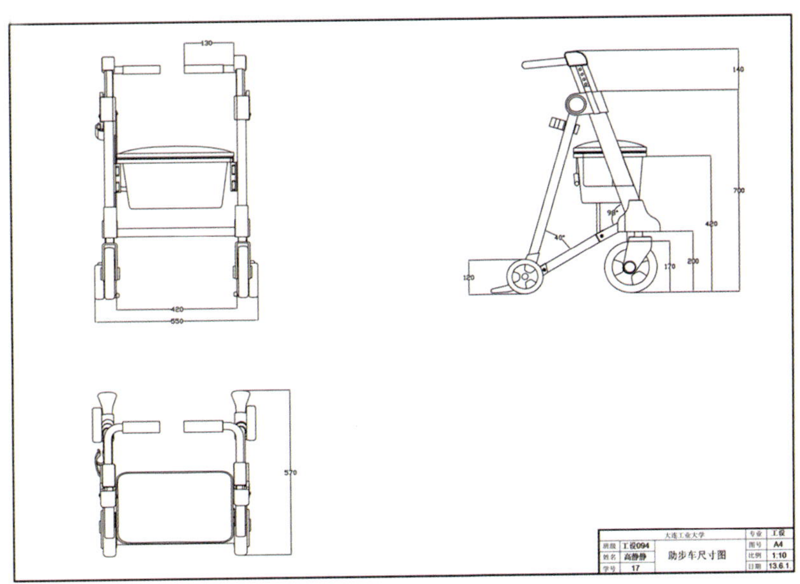

图6-2-19　产品三视图

（8）颜色解析

① 选取老年人喜欢的淡雅的颜色。

② 降低活跃色彩的饱和度，更符合老年人的喜好，带给老年人活力和时尚。

③ 从自然界提取清新、美好的色彩，带给老年人愉悦的视觉感受，让老年人走进自然，享受生活。图6-2-20所示为不同颜色的老年助行车。

（9）包装运输方式展示

瓦楞纸箱属于绿色环保产品，利于环保，利于装卸运输（图6-2-21）。

（10）存放方式

老年助行车可存放于小区楼梯口或小区停车区。

图6-2-20　不同颜色的老年助行车

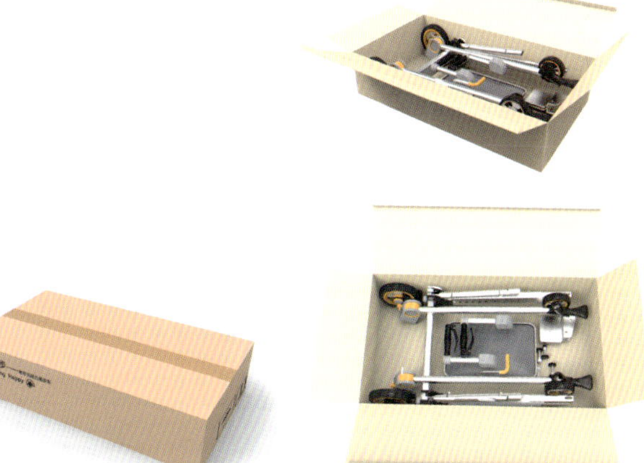

图6-2-21　老年助行车的包装

6.3 学生工业设计作品欣赏

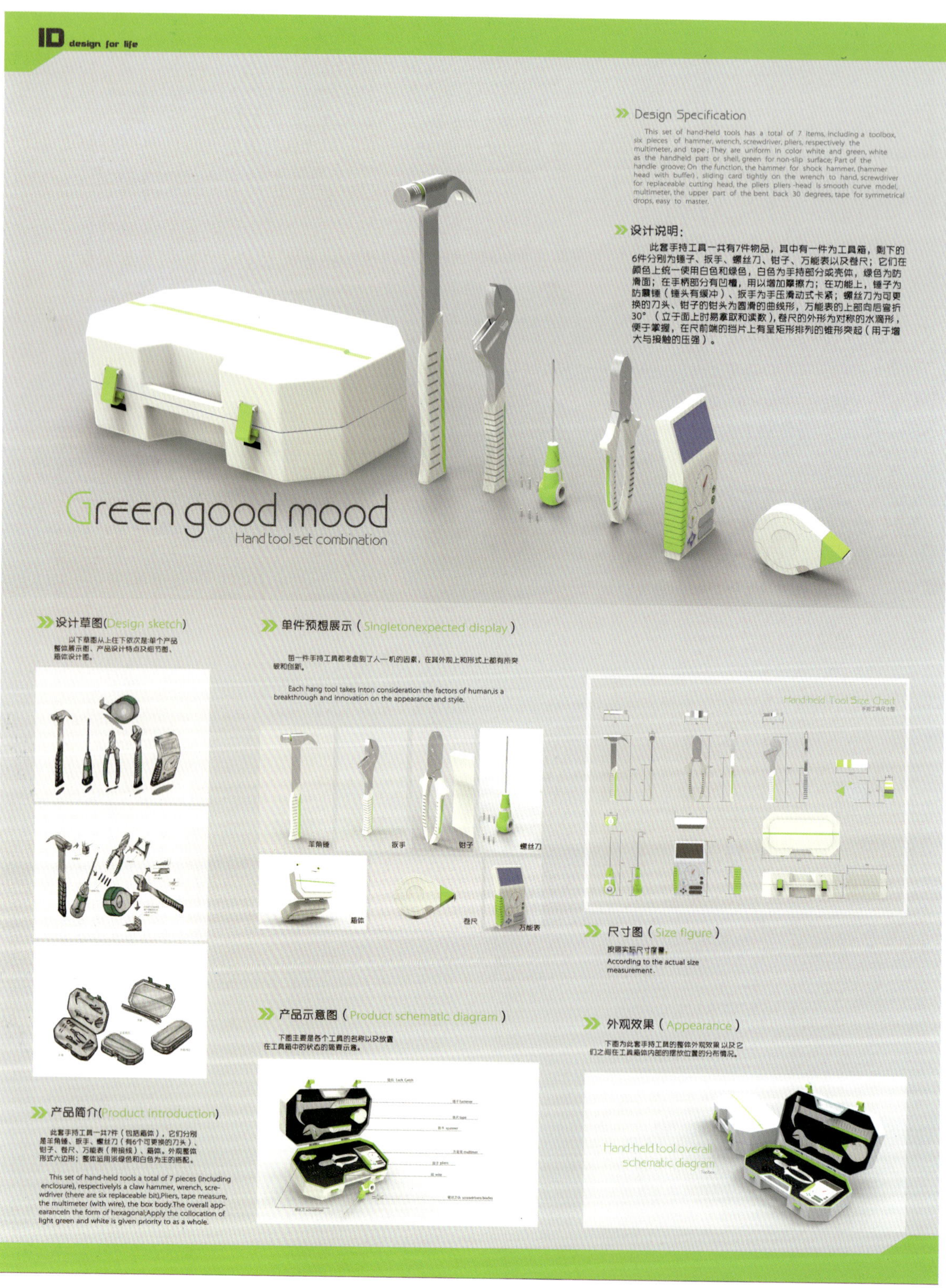

图6-3-1 学生作品1 设计者：潘加强 姜雨农 张文颖 指导老师：郭爱华

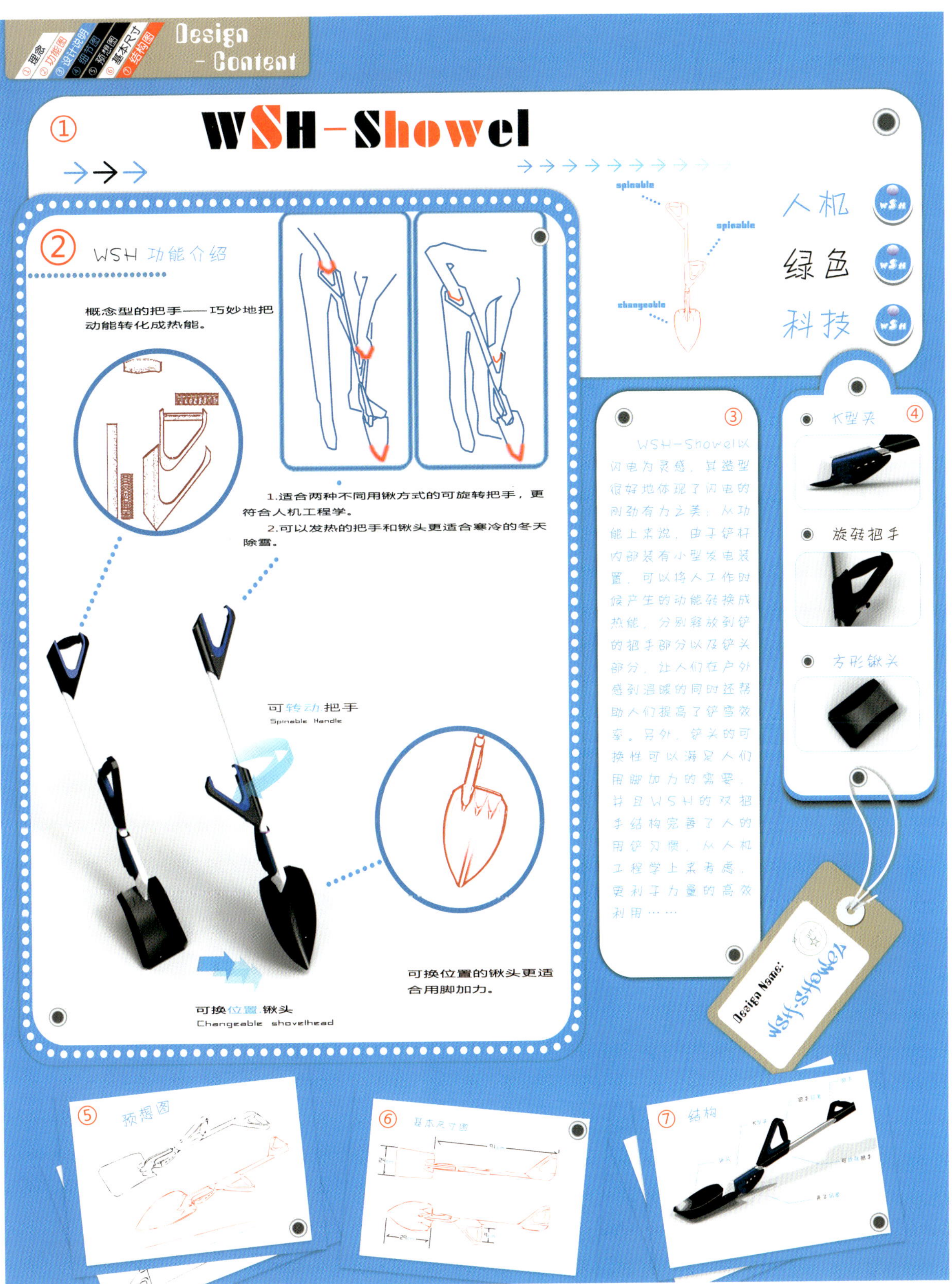

图6-3-2　学生作品2　设计者：万东翰　孙传龙　胡维熙　指导老师：郭爱华

图6-3-3 学生作品3 设计者：孙远志 指导老师：郭爱华

图6-3-4　学生作品4　设计者：李海强　指导老师：郭爱华

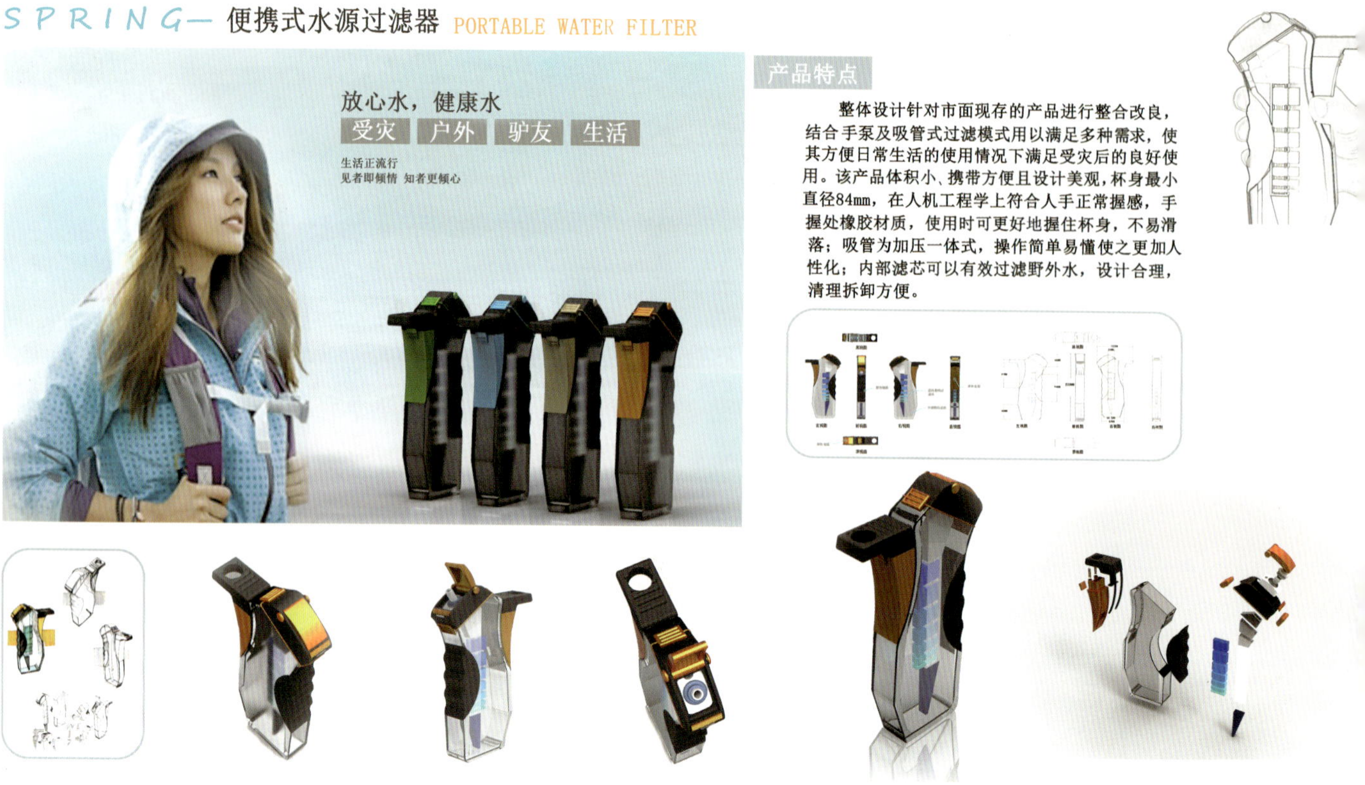

SPRING— 便携式水源过滤器 PORTABLE WATER FILTER
放心水，健康水
受灾 户外 驴友 生活
生活正流行
见者即倾情 知者更倾心
产品特点
整体设计针对市面现存的产品进行整合改良，结合手泵及吸管式过滤模式用以满足多种需求，使其方便日常生活的使用情况下满足受灾后的良好使用。该产品体积小、携带方便且设计美观，杯身最小直径84mm，在人机工程学上符合人手正常握感，手握处橡胶材质，使用时可更好地握住杯身，不易滑落；吸管为加压一体式，操作简单易懂使之更加人性化；内部滤芯可以有效过滤野外水，设计合理，清理拆卸方便。

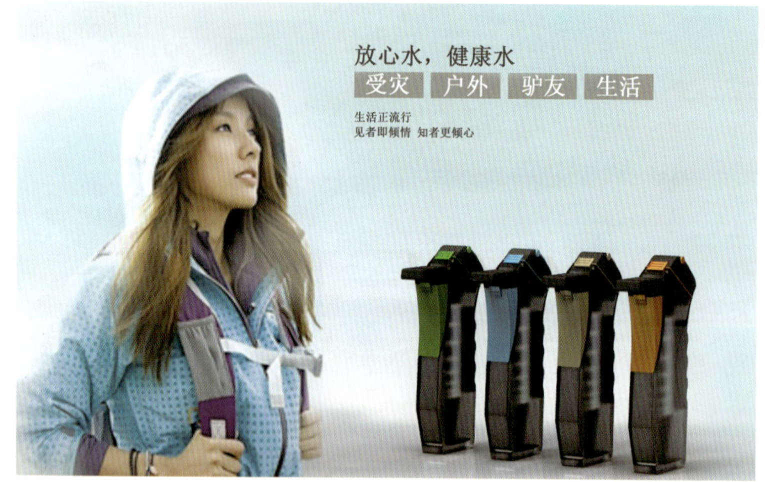

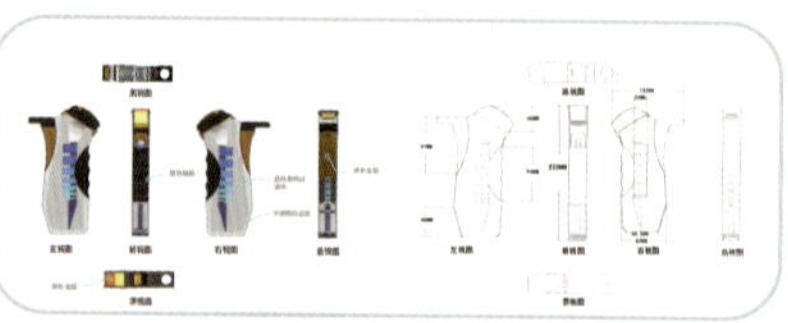

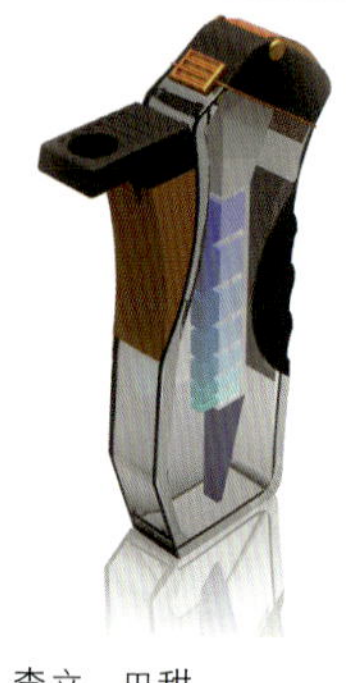

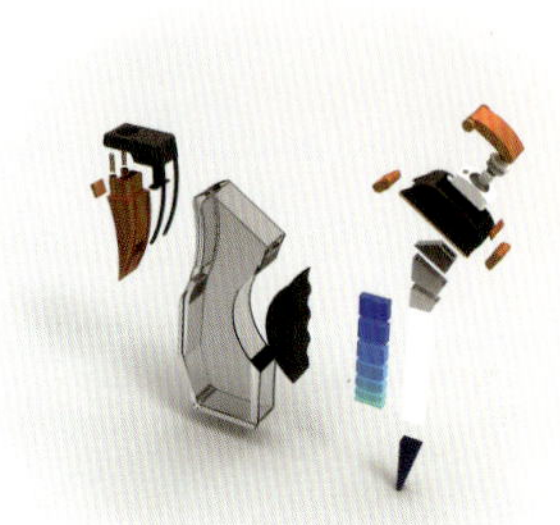

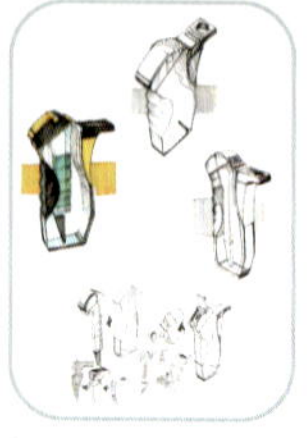

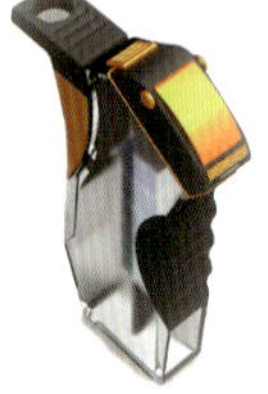

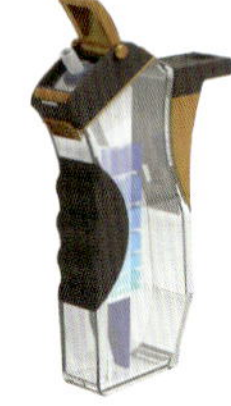

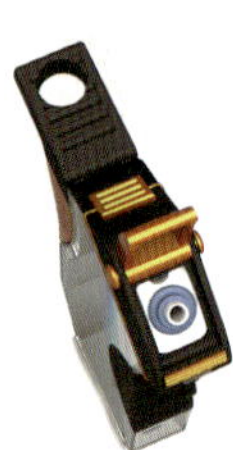

图6-3-5 学生作品5 设计者：何石 指导老师：李立 田甜

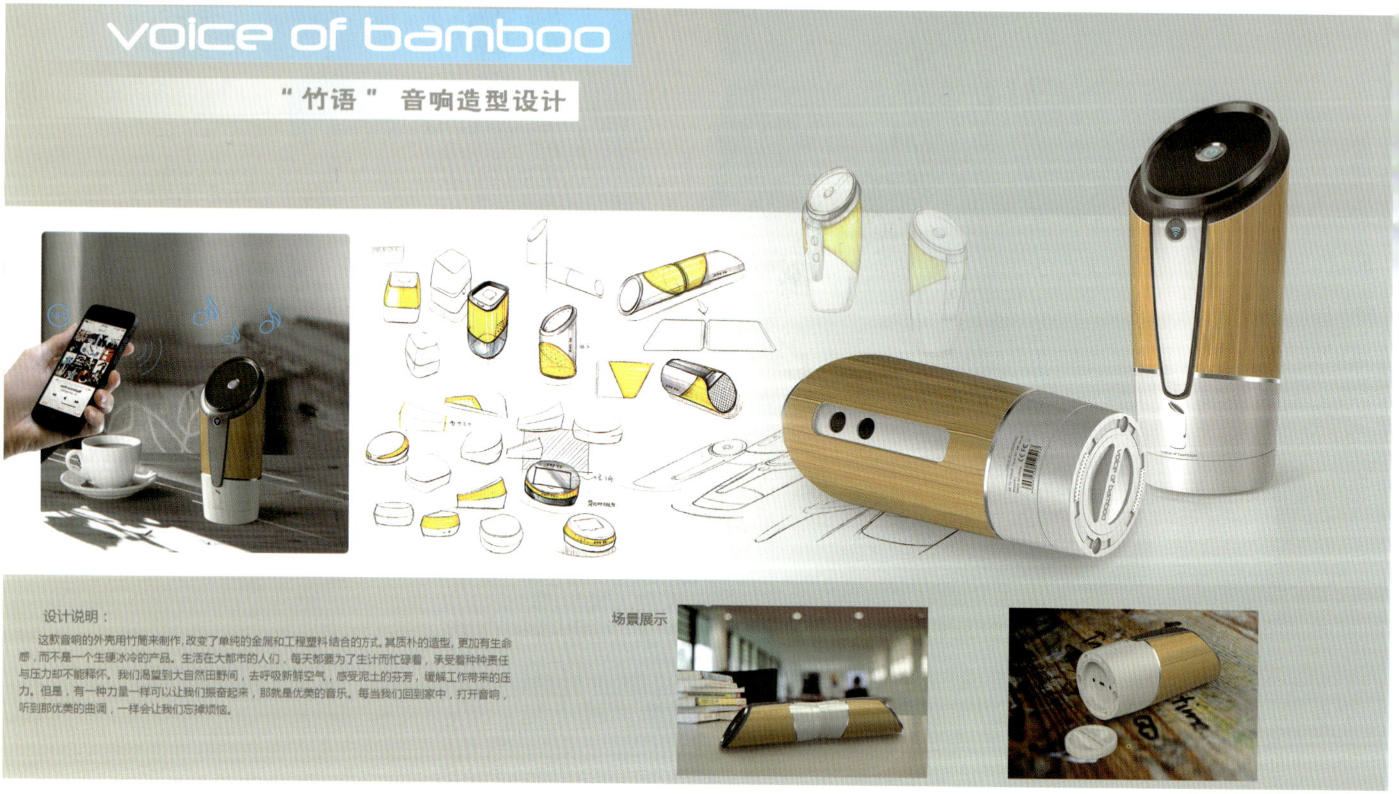

voice of bamboo
"竹语" 音响造型设计
设计说明：
这款音响的外壳用竹筒来制作，改变了单纯的金属和工程塑料结合的方式。其质朴的造型，更加有生命感，而不是一个生硬冰冷的产品。生活在大都市的人们，每天都要为了生计而忙碌着，承受着种种责任与压力却不能释怀。我们渴望到大自然田野间，去呼吸新鲜空气，感受泥土的芬芳，缓解工作带来的压力。但是，有一种力量一样可以让我们振奋起来，那就是优美的音乐。每当我们回到家中，打开音响，听到那优美的曲调，一样会让我们忘掉烦恼。
场景展示

图6-3-6 学生作品6 设计者：马荣伟 指导老师：薛刚

C-Air 空气净化器

对于蜜蜂而言，蜂巢的形状并不重要，重要的是每个隔间有足够的空间。另外，节省材料对蜜蜂而言也相当重要。在建造蜂巢的过程中，蜜蜂会修改邻近蜂巢已有的墙壁来减少蜂蜡的用量，同时保证新蜂巢有足够的大小。这样做的结果就是新的蜂巢像是跟旧蜂巢“挤”在了一起。蜜蜂建造一个个蜂巢的过程，就像是将一个个圆柱形的空间组合在一起。而最节省空间且最稳定的方式，正是蜜蜂采用的六边形堆叠，即在生活中产品的稳定性和空间使用率最大化的蜂巢六边形设计。

1.前部外壳采用亚克力透明材料，坚固且透明。
2.蜂巢形负离子吸附消毒发生器，空气净化器的重要组成部分。
3.滤网过滤来实现净化空气的目的。
4.外部材料采用塑料，轻便便于悬挂。
5.两侧衔接金属边，采用强磁，多个空气净化器互相吸附。
6.风扇作为空气净化器最核心也是必不可少的配件，主要作用是调节空气进行循环流动。
7.后部外壳采用强磁，在墙上钉上金属片，将空气净化器吸附于墙上。

六边形设计可以使空间使用率最大化，模块化将本产品的组合使用达到最大净化效果，也可以单一使用在空间小的房间，可拆分之后，在不必要求大功率很强劲的净化功能时，为了便于携带，可用其中一部分净化器片。

图6-3-7　学生作品7　设计者：高天阳　指导老师：田甜

module light LED灯具设计

/ LED Lighting Design

功能模块

根据不同需求，搭配不同的模块，模块由电路板与外壳组成。

发光模块

发光模块由LED灯带和外壳构成，可根据需要增减模块。

连接方式

模块间通过下图方式连接，连接结构中含有电路连接触点，使灯具各部分之间相连。

模块台灯

设计说明

Conception

模块化灯具设计充分利用LED光源体积小的优势，根据不同人群对灯具的不同需求进行模块化的组合，使灯具功能、造型更加丰富。多种功能的组合，使灯具更加智能，更人性化。

图6-3-8　学生作品8　设计者：李连龙　指导老师：李立　田甜

思考与练习

题目：电器类产品设计、医护类产品设计、手持工具设计、户外用品设计，任选其一。

要求：

1. 4人为一小组，选出组长来负责整个小组的设计工作进度。

2. 每组以一个课题为中心，综合运用产品系统设计所学知识，对产品形态、色彩、材质、使用方式、功能、结构等展开头脑风暴，探讨设计亟须解决的问题，总结并明确设计思路和设计方向。

3. 针对该课题进行市场调研并确定设计定位。

4. 综合选择和运用不同的设计方法进行创新性设计。

5. 手绘精细草图，电脑制作效果图、尺寸图。

6. A3幅面排版并完成设计报告书一套。

7. 制作模型，注明模型比例。

参考文献

[1] 吴志军，那成爱．产品系统设计的内涵及其思维方式[J]．装饰，2005（4）：44.

[2] 吕伟．浅谈产品设计的多元化趋势[J]．科技资讯，2014（25）：212.

[3] 计静，郑祎峰．产品系统设计[M]．合肥：合肥工业大学出版社，2009.

[4] 张学东．产品系统设计[M]．合肥：合肥工业大学出版社，2010.

[5] 吴翔．产品系统设计——产品设计（2）[M]．北京：中国轻工业出版社，2000.

[6] 赵博，戚彬．系统设计[M]．北京：电子工业出版社，2014.

[7] 张宇红．产品系统设计[M]．北京：人民邮电出版社，2014.

[8] 孙颖莹．设计的展开[M]．北京：中国建筑工业出版社，2009.

[9] 原研哉．设计中的设计[M]．济南：山东人民出版社，2006.

[10] 陈炬，张崟，梁跃荣．产品形态语意设计——让产品说话[M]．北京：化学工业出版社，2014.

[11] 张同．产品系统设计[M]．上海：上海人民美术出版社，2004.

[12] 熊文丽．自然、社会环境因素对产品设计的影响[J]．艺术科技，2013，26（2）：140–142.

[13] 林崇德．心理学大辞典[M]．上海：上海教育出版社，2003.

[14] [美]唐纳德·A·诺曼．情感化设计[M]．付秋芳，程进三，译．北京：电子工业出版社，2005.

[15] 孔祥金．小家电产品的情感化设计研究[D]．上海交通大学硕士学位论文，2009.

[16] 丁俊武，杨东涛，曹亚东，王林．情感化设计的主要理论、方法及研究趋势[J]．工程设计学报，2010，17（1）：12–18.

[17] 陈为．用户体验设计要素及其在产品设计中的应用[J]．包装工程，2011，32（10）：26–29.

[18] Nathan Shedroff．Experience Design[M]．Indiana：New Riders Publishing，2001.

[19] 罗仕鉴，朱上上．用户体验与产品创新设计[M]．北京：机械工业出版社，2010.

[20] 谢传伟．情感化设计在用户体验中的运用[J]．设计，2014，1（2）：21–22.

[21] 吴冬梅．无障碍设计原则中的人文主义精神[J]．艺术百家，2007，23（5）：88–94.

[22] 钱燕．基于无障碍设计的感官代偿产品设计研究[D]．合肥工业大学硕士学位论文，2007.

[23] 宁绍强，唐克兵．产品的人性化设计[J]．桂林电子工业学院学报，2003，23（3）：63–67.

[24] 丁捷．多功能设计的研究[J]．科技与创新，2015（8）：113.

[25] 刘舒瑶．新材料与产品造型设计研究[D]．合肥工业大学硕士学位论文，2009.

[26] 徐健．新材料对产品形态设计影响的探讨[D]．华北电力大学硕士学位论文，2008.

[27] 屈新波．新材料在产品设计中的应用原则探究[J]．设计，2014（4）：25–26.

[28] 何人可．工业设计史（第3版）[M]．北京：高等教育出版社，2004.

[29] 钟振亚．家具产品设计标准化与生产效率的研究[D]．中南林学院硕士学位论文，2005.

[30] 尚刚．中国工艺美术史新编[M]．北京：高等教育出版社，2007.

[31] 李哲．厨房小工具产品开发之系列化设计研究[D]．江南大学硕士学位论文，2007.

[32] 丁志浩．产品系列化设计——电动工具的系列化设计[D]．南京理工大学硕士学位论文，2004.

[33] 李雪莲．家具模块化设计方法研究与设计实务[D]．南京林业大学硕士学位论文，2007.
[34] 许彧青．绿色设计（第一版）[M]．北京：北京理工大学出版社，2007.
[35] 岳涵．消费电子产品的生态设计研究[D]．北方工业大学硕士学位论文，2014.
[36] 应启肇．环境、生态与可持续发展[M]．杭州：浙江大学出版社，2008.
[37] 余森林．产品可持续设计的类型及其价值[J]．包装学报，2010，2（3）：46-49.
[38] 刘新．可持续设计的观念、发展与实践[J]．创意与设计，2010（2）：36-39.
[39] 张夫也，张建君．传统工艺之旅[M]．沈阳：辽宁美术出版社，2001.
[40] 李麟，吴珏．试论传统设计文化对现代设计艺术发展的影响[J]．南京农业大学学报（社会科学版）2007（3）：110-114.
[41] 耿聪．浅论本土文化对现代设计的影响[J]．美术教育研究，2011（2）：82-84.
[42] 周颖．中国传统文化元素在现代设计中的应用与研究[D]．东北师范大学硕士学位论文，2010 .
[43] 胡俊红．中国家具设计的民族性研究[D]．中南林业科技大学博士学位论文，2007.
[44] 柳冠中．事理学论纲[M]．长沙：中南大学出版社，2006.
[45] 张凌浩．下一个产品[M]．南京：江苏美术出版社，2008.
[46] 王受之．世界现代设计史[M]．北京：中国青年出版社，2002.
[47] 郝琮．产品识别设计在当代汽车造型设计中的应用及展望[D]．中央美术学院硕士学位论文，2011.
[48] 李广喆．奥迪汽车品牌造型特征演变研究[D]．长春：吉林大学硕士学位论文，2011.
[49] 杨长春．奥迪品牌形象识别与构建研究[D]．长春：吉林大学硕士学位论文，2010.
[50] 张文泉，赵江洪．奥迪品牌造型基因研究[J]．包装工程，2007，28（4）：84-86.